ARCHIV FÜR TIERERNÄHRUNG

UNTER MITWIRKUNG VON

Prof. Dr. A. Hock, Berlin. Prof. Dr. Dr. W. Lenkeit, Göttingen

Prof. Dr. Dr. h. c. K. Nehring, Rostock. Prof. Dr. Dr. Dr. h. c. W. Wöhlbier, Stuttgart-Hohenheim

HERAUSGEGEBEN VON

ERNST MANGOLD †

Prof. Dr. med. Dr. phil. Dr. med. vet. h. c. Dr. agr. h. c. Dr. agr. h. c.

Direktor em. des Instituts für Tierernährungslehre

der Humboldt-Universität Berlin

11. BAND

Ausgegeben am 1. MÄRZ 1962

HEFT

4

AKADEMIE-VERLAG · BERLIN

ARCH. TIERERNÄHRUNG · 11. BAND NR. 4 · S. 283–320 · BERLIN · 1. AUGUST 1961

INHALT

Das Archiv für Tierernährung erscheint zweimonatlich in Heften zu 80 Seiten im Format 17,5 × 25 cm unbeschnitten. Der Preis des Heftes beträgt DM 8,50. 6 Hefte werden zu einem Band vereinigt. Der Besteller muß sich zur Abnahme eines Bandes verpflichten. Die Hefte werden jeweils einzeln berechnet. Im Jahre erscheint nicht mehr als 1 Band. Bestellungen werden direkt an den Akademie-Verlag GmbH, Berlin W 8, Leipziger Straße 3–4, oder über eine wissenschaftliche Buchhandlung erbeten.

Manuskriptsendungen — zugelassen sind die vier Kongreßsprachen — sind an Herrn Prof. Dr. Andreas Hock oder Herrn Dr. Hans Bergner, Institut für Tierernährungslehre, Berlin N 4, Invalidenstraße 42, zu richten. Mit der Veröffentlichung geht das alleinige Verlagsrecht an das Archiv für Tierernährung über. Daher müssen Arbeiten, die bereits an anderer Stelle veröffentlicht worden sind, zurückgewiesen werden. Die Verfasser verpflichten sich, Manuskripte, die vom Archiv für Tierernährung angenommen worden sind, nicht an anderer Stelle zu veröffentlichen.

Die Verfasser erhalten von größeren wissenschaftlichen Arbeiten 50 Sonderdrucke unentgeltlich. Den Manuskripten beiliegende Zeichnungen müssen sauber, in zweifacher Größe ausgeführt sein. Wenn sie nicht voll reproduktionsfähig nach den Vorschriften des Normblattes DIN 474 eingereicht werden, ist die Beschriftung nur mit Bleistift einzutragen. Zur Herstellung von Netzätzungen sind nur einwandfreie Photographien brauchbar.

Für alle Literaturzitate sind die Vorschriften des Normblattes DIN 1502 und 1502 Beiblatt I maßgebend. Die Zitate müssen den Verfasser (mit den Anfangsbuchstaben der Vornamen), den vollständigen Titel der Arbeit und die Quelle mit Band, Seitenzahl und Erscheinungsjahr enthalten. Das Literaturverzeichnis soll alphabetisch geordnet sein.

Herausgeber und verantwortlich für den Inhalt: Prof. Dr. med. Dr. phil. Dr. med. vet. h. c. Dr. agr. h. c. Dr. agr. h. c. Ernst Mangold †. Verlag: Akademie-Verlag GmbH, Berlin W 8, Leipziger Straße 3-4 (Fernruf 22 04 41; Telex-Nr. 011773; Postscheckk. Berlin: 35021). Bestell-Nr. d. Heftes: 1010/XI/4. Das Archiv für Tierernährung erscheint jährlich in 1 Band zu 6 Heften. Bezugspreis je Einzelheft DM 8,50 ausschließlich Porto und Verpackung. Satz und Druck: Robert Noske, Borna (Bez. Leipzig). Veröffentlicht unter der Lizenznummer ZLN 5003 des Ministeriums für Kultur.

Aus dem Oskar-Kellner-Institut für Tierernährung Rostock
(Direktor: Prof. Dr. Dr. h. c. K. NEHRING)

K. NEHRING, W. JENTSCH und *R. SCHIEMANN*

Die Verwertung reiner Nährstoffe

1. Mitteilung

Versuche mit Kaninchen und Ratten

A. Einleitung und Problemstellung

Eines der zentralen Probleme der Tierernährung stellt die Bewertung der Futterstoffe dar, denn nur bei eingehender Kenntnis des Wertes der Futterstoffe ist ein rationeller Einsatz in der praktischen Fütterung möglich. Von KELLNER ist die Bewertung der Futterstoffe für die tierische Produktion erstmalig auf der Grundlage ihres Leistungsvermögens im tierischen Organismus aufgebaut worden, indem er die Ergebnisse seiner grundlegenden Respirationsversuche mit Ochsen unter Berücksichtigung der vorliegenden Untersuchungen über Zusammensetzung und Verdaulichkeit der Futterstoffe zu seiner Stärkewertlehre zusammengefaßt hat, die auch heute insbesondere bei der Fütterung der Rinder in sehr vielen Ländern Anwendung findet. Als Maß für den energetischen Wert der Futterstoffe wählte KELLNER das Leistungsvermögen der Futterstoffe bei der Fettmast ausgewachsener Tiere, d. h. die Nettoenergie bei der Umbildung der Nährstoffe in Körperfett. Die Wahl dieses Maßstabes ist von ganz entscheidender Bedeutung, da in der Fettmast eine Produktionsleistung vorliegt, die am wenigsten durch andere Faktoren beeinflußt wird und der Bedarf für die Fettmast im wesentlichen nur ein energetischer ist, während bei den anderen tierischen Produktionsleistungen wie Milchproduktion, Wachstum usw. sowohl ein energetischer als auch ein speziell stofflicher Bedarf vorliegt. Als Meßprinzip zur Produktionswertbestimmung von Futterstoffen wendete KELLNER das Differenzverfahren an, durch das der schwer bestimmbare Erhaltungsbedarf der Tiere eliminiert wird. Die umfangreichen Untersuchungen des Oskar-Kellner-Instituts zum Proportionalitätsproblem [22, 24, 25] haben gezeigt, daß die Anwendung des Differenzverfahrens bei der Nettoenergiebestimmung zu reproduzierbaren und damit verallgemeinerungsfähigen Ergebnissen bei allen untersuchten Tierarten führt. Damit ist das von KELLNER gewählte Meßprinzip voll gerechtfertigt.

KELLNER [16] ging bei der Durchführung seiner Respirationsversuche im Prinzip so vor, daß er zunächst die Nettoenergie reiner Nährstoffe, d. h. der verdaulichen Stärke, des verdaulichen Zuckers, des verdaulichen Proteins, des verdaulichen Öls und des verdaulichen Strohstoffs bestimmte, um dann typische Vertreter der verschiedenen Futtermittelgruppen zu untersuchen.

In den letzten Jahren sind die experimentellen Grundlagen, von denen KELLNER bei der Aufstellung seiner Stärkewertlehre ausgegangen ist, verschiedentlich einer kritischen Analyse unterzogen worden (siehe z. B. SCHIEMANN [27]). Diese kritischen Analysen können im wesentlichen dahingehend zusammengefaßt werden, daß der Weg, den KELLNER für den Aufbau eines Bewertungssystems der Futterstoffe auf der Grundlage der Leistung im tierischen Organismus gegangen ist, auch für die weiteren Arbeiten auf diesem Gebiet richtungweisend ist, daß das experimentelle Material jedoch als zu schmal angesehen werden muß. Dies gilt auch – mit Ausnahme der Stärke, deren Nettoenergie KELLNER in 9 Versuchen bestimmt hat – für die Nettoenergiebestimmungen der reinen Nährstoffe, die die Grundlage der Berechnung des Stärkewertes von Futterstoffen bilden. Es erhebt sich daher die Frage, ob die ermittelten Nettoenergiewerte der reinen Nährstoffe reproduzierbar und daher verallgemeinerungsfähig sind, und wie die Verwertungsverhältnisse bei den einzelnen Tierarten liegen, da verschiedentlich versucht worden ist, die Stärkewertlehre auf andere landwirtschaftlich genutzte Tierarten zu übertragen. Weiterhin ist zu fragen, ob die in isolierter Form verabreichten Nährstoffe in gleicher Weise verwertet werden wie bei einer Verabreichung im natürlichen Verband der Futterstoffe, d. h. bilden die Nettoenergiewerte der reinen Nährstoffe die geeignete Basis zur Berechnung der Nettoenergie von Futterstoffen aus dem Gehalt an verdaulichen Nährstoffen?

Zum Problem der Berechnung der Nettoenergie der Futterstoffe ist unter Auswertung der von KELLNER durchgeführten Respirationsversuche nach neueren statistischen Methoden von HOFFMANN, SCHIEMANN und NEHRING [14] kürzlich berichtet worden, worauf hier verwiesen wird.

Die Gesamtstoffwechselversuche von FINGERLING an Schweinen [3, 4, 5, 6] und an Pferden [21] sowie die Untersuchungen von SCHOENEMANN an Hunden [28] haben zu der Auffassung geführt, daß auch bei monogastrischen Tierarten, wie bei den Rindern, der Rohrzucker schlechter verwertet wird als die Stärke. Nach den derzeitigen Vorstellungen über den Intermediärstoffwechsel der Kohlenhydrate gibt es für einen Verwertungsunterschied zwischen der Stärke und den wichtigsten Di- und Monosacchariden unter den Bedingungen der Fettmast bei monogastrischen Tierarten keine Anhaltspunkte.

Um die angeführten Fragen einer Klärung zuzuführen und damit einen Beitrag zum Ausbau der Lehre KELLNERs zu leisten, wurde in den letzten Jahren eine Reihe von Gesamtstoffwechselversuchen an verschiedenen Tierarten zur Bestimmung des energetischen Ansatzwertes isolierter Nährstoffe unter den Bedingungen der Fettmast ausgewachsener Tiere nach dem vollständigen Differenzverfahren der Anordnung Grundfutterperiode/Zulageperiode/Grundfutterperiode ... bei den verschiedenen Tierarten durchgeführt.

Begonnen wurden diese Versuchsreihen mit Kleintieren (Kaninchen und Ratten) als Vorarbeit für die entsprechenden Versuche mit den Großtierarten (Rindern, Schafen und Schweinen). Größter Wert wurde auf die weitgehende Sicherung der Mittelwerte der gemessenen Nettoenergiewerte der reinen Nährstoffe gelegt. Zu diesem Zweck wurde pro untersuchtem Nährstoff mit wenigstens 8 Paralleltieren gearbeitet. Bei den Kleintieren wurden folgende Nährstoffe untersucht: *Erdnußöl, Dorschmehlprotein, Kartoffelstärke* und die Zuckerarten

Saccharose, Lactose, Glucose, Fructose und *Galaktose.* Der Schwerpunkt der Untersuchungen wurde auf die reinen Nährstoffe Erdnußöl, Protein, Stärke und Rohrzucker gelegt, während bei den weiteren Zuckerarten geprüft werden sollte, ob sich generelle Unterschiede zur Verwertung des Rohrzuckers ergeben. Die geplante Bestimmung des energetischen Produktionswertes der Cellulose scheiterte an der Verweigerung der Futteraufnahme bzw. an der niedrigen Verdaulichkeit der verfütterten Substanz, worauf noch später einzugehen ist.

Bei den Großtieren gelangten nur die wichtigsten reinen Nährstoffe zur Untersuchung, und zwar *Erdnußöl, Weizenkleber, Dorschmehl* und *Kartoffelstärke* bei allen drei Tierarten und bei Schweinen zusätzlich der *Rohrzucker.* Die Untersuchung der *Cellulose* und des *Rohrzuckers* bei den beiden Wiederkäuerarten wurde vorerst zurückgestellt, da die Versuche mit Großtieren hauptsächlich als Vorarbeit zur Klärung der Frage angelegt wurden, ob die Nettoenergiewerte der reinen Nährstoffe die geeignete Basis für die Berechnung des Produktionswertes von Futterstoffen aus dem Gehalt an verdaulichen Nährstoffen bilden.

In der 1. Mitteilung wird über die Versuche mit Kleintieren berichtet. Die Berichte über die Versuche mit Schweinen und Wiederkäuern sollen in einer zweiten bzw. dritten Mitteilung erfolgen. Die in der Literatur vorliegenden Versuche über den Energieumsatz der reinen Nährstoffe werden für die jeweiligen Tierarten in den einzelnen Mitteilungen besprochen. In einer vierten Mitteilung ist ein Tierartenvergleich über die Produktionsleistung der reinen Nährstoffe vorgesehen.

Wegen des Umfangs des experimentellen Materials muß auf die Darstellung der Einzelversuche und die Mitteilung der Grundanalysendaten verzichtet werden. Für die Kleintierversuche können die Einzeldaten der Dissertation von JENTSCH [15] entnommen werden; Einzeldaten zu den Großtierversuchen können im Institut eingesehen werden. Hinsichtlich der generellen Arbeitsweise bei der Durchführung der Gesamtstoffwechselversuche mit den verschiedenen Tierarten wird auf die ausführlichen Veröffentlichungen zum Problem der Verwertung der Futterenergie in Abhängigkeit vom Ernährungsniveau [42, 24, 25] hingewiesen.

B. Literaturbesprechung

a) Versuche mit Kaninchen

Untersuchungen über den Produktionswert reiner Nährstoffe bei Kaninchen sind von SCHÜRCH [29] und von TOMME [30] durchgeführt worden. In Tabelle 1 wird eine Übersicht über die Verdaulichkeit der organischen Substanz und die Verdaulichkeit des jeweils zugelegten Nährstoffs gegeben.

Die Versuche von TOMME sind in der Form abgelaufen, daß jeweils 4 Tiere zu einer Gruppe zusammengefaßt und als eine Einheit behandelt wurden, so daß sich die Streuung der Verdaulichkeit nicht berechnen läßt. In der Veröffentlichung sind nur Angaben über die Verdaulichkeit der organischen Substanz gemacht. Zwischen den beiden Versuchsanstellern ergeben sich in den Werten für die Verdaulichkeit der organischen Substanz bei Öl und Protein erhebliche Differenzen, deren direkte Ursachen aus den Veröffentlichungen nicht entnommen werden können. Die hohen Streuungen in der Verdaulichkeit der organischen Substanz

Tabelle 1. *Verdaulichkeit reiner Nährstoffe bei Kaninchen*

zugelegter Nährstoff	Verdauungskoeffizienten		Zahl der Meßwerte	Versuchs-ansteller
	Organische Substanz	jeweiliger Nährstoff		
Erdnußöl	91,6 ± 5,3	96,6 ± 1,0	3	SCHÜRCH
Sonnenblumenöl	61,0	–	8	TOMME
Eiweißmischung*)	91,7 ± 13,5	93,7 ± 2,3	3	SCHÜRCH
Kleber	72,1	–	8	TOMME
Kartoffelstärke	83,1 ± 3,7	81,9 ± 1,1	3	SCHÜRCH
–„–	80,7	–	8	TOMME
Rohrzucker	96,1	–	8	TOMME

*) Die Eiweißmischung hatte folgende Zusammensetzung: 70% Casein, 14% Eialbumin, 8% Weizenkleber, 7% $CaCO_3$ und 1% NaCl.

bei den Versuchen von SCHÜRCH weisen auf eine starke Beeinflussung der Verdaulichkeit der anderen Stoffgruppen durch die Zulage der reinen Nährstoffe hin.

In Tabelle 2 ist der Energieumsatz der reinen Nährstoffe für die gleichen Versuche zusammengestellt:

Tabelle 2. *Verwertung reiner Nährstoffe bei Kaninchen*

Nährstoff	Anzahl der Einzelwerte	Bruttoenergie in cal/g Nährstoff	Verdl. Energie in cal/g Nährstoff	Umsetzb. Energie in cal/g verdl. Nährstoff	Ansatz in cal/g verdl. Nährstoff	Verwertung in % d. umsetzbaren Energie	Versuchs-ansteller
Erdnußöl	3	9477	9161	9354	5790	61,9 ± 3,4	SCHÜRCH
Sonnenblumenöl	8			8716	7418	85,1	TOMME
Eiweißmischung	2	5912[1])	5404	5378	2248	41,8 ± 2,3	SCHÜRCH
Kleber	8			4701	2895	61,5	TOMME
Stärke	3	4128	2803	4262	2587	60,7 ± 4,7	SCHÜRCH
Stärke	8			3907	3485	89,2	TOMME
Rohrzucker	8			3382	2394	70,8	TOMME

[1]) bezogen auf Rohprotein.

Die Versuche von TOMME sind im Unterernährungsbereich durchgeführt worden. Nach den Untersuchungen von NEHRING, HOFFMANN und SCHIEMANN [22] ist ein direkter Vergleich von Ergebnissen, die oberhalb und unterhalb des Ernährungsgleichgewichtes gewonnen wurden, nicht möglich. Weitere, im Ernährungsabschnitt der Fettmast durchgeführte Versuche von TOMME sind infolge Verlustes der Unterlagen während des Krieges leider nur fragmentarisch erhalten. Es kann lediglich der Ansatzwert von Stärke mit 2901 cal/g verdauter Stärke angegeben werden. Dies entspricht einer Verwertung von 72%. TOMME gibt auf Grund dieses Ergebnisses im Vergleich mit dem in Tabelle 2 angegebenen Wert einen Umrechnungsfaktor von 0,84 für die Umrechnung des Erhaltungsbedarfs auf Fettansatz an.

SCHÜRCH [29] arbeitete im Ernährungsabschnitt der Mast. Die Verwertung des Erdnußöls wurde in 3 Versuchen zu 62% ermittelt. Von den 3 Versuchen mit Eiweißzulage wurde 1 Versuch ausgeschaltet, so daß der angegebene durchschnittliche Verwertungskoeffizient von 42% nur aus 2 Meßwerten erhalten wurde.

Zur Ermittlung des Produktionswertes der Stärke wurden 5 Versuche durchgeführt, von denen 2 ausgeschaltet wurden, so daß sich der angegebene Durchschnittswert der Verwertung von 61% auf 3 Versuche stützt. Bei der Aufrechnung der Versuche faßte SCHÜRCH die Ergebnisse der Grundfutterperioden zusammen und rechnete die Zulageperioden gegen den Durchschnitt der Grundfutterperioden auf. Eine getrennte Aufrechnung gegen die die Zulagen einschließenden Grundfutterperioden ergibt erhebliche Streuungen, so daß die von SCHÜRCH gemessenen Verwertungskoeffizienten der reinen Nährstoffe nicht verallgemeinerungsfähig sind.

b) Versuche mit Ratten

Die in der Literatur auffindbaren Versuche zur Bestimmung der Nettoenergie reiner Nährstoffe wurden unter dem Aspekt der Messung der spezifisch-dynamischen Wirkung verschiedener Kohlenhydrate, Eiweißstoffe und Fette durchgeführt. Angaben über die Verdaulichkeit der Nährstoffe liegen nicht vor. Lediglich zur Bestimmung der Verdaulichkeit von roher und gequollener Kartoffelstärke sind Versuche von YOSHIDA und MORIMOTO [32] durchgeführt worden. Sie fanden für rohe Kartoffelstärke eine Verdaulichkeit von 57% und für gequollene Stärke 99% Verdaulichkeit. Da rohe Maisstärke und die aus Süßkartoffeln isolierte Stärke zu 99% bzw. 97% verdaulich sind, wird der rohen Kartoffelstärke eine spezifische Verdauungsresistenz zugeschrieben.

In Tabelle 3 sind die Angaben über die Verwertung der untersuchten Nährstoffe zusammengestellt.

Da die Versuche zum Teil mit wachsenden und zum Teil mit ausgewachsenen Tieren durchgeführt worden sind, wurde in der Tabelle zur besseren Vergleichbarkeit eine entsprechende Unterteilung vorgenommen. Bei einzelnen Substanzen sind die Durchschnittswerte von 2 Wiederholungen mit mehreren Tieren angegeben. Eine weitere Zusammenfassung erfolgte nicht, damit ein Einblick in die Reproduzierbarkeit der Ergebnisse möglich ist.

Zur Versuchsmethodik muß bemerkt werden, daß bei allen Rattenversuchen die Erfassung des Gaswechsels in Respirationsversuchen von 6– 7 Stunden Dauer erfolgte. Demgegenüber halten wir die Erfassung des Gaswechsels wegen der auftretenden tageszeitlichen Schwankungen während jeweils 24 Stunden für unbe-

Tabelle 3. *Verwertung reiner Nährstoffe bei Ratten*

Nährstoff	Anzahl der Einzelwerte	Bruttoenergie in cal/g Nährstoff	Umsetzb. Energie in cal/g verdl. Nährstoff	Umsetzb. Energie in % d. Energie d. vd. Nährstoffs	Ansatz in cal/g verdl. Nährstoff	Verwertung in % der umsetzb. Energie	Versuchsansteller	Literaturangaben
Ausgewachsene Ratten								
Schweineschmalz	12	9460	9077	96,0	7570	83,4	FORBES u. SWIFT	(8)
	5		8531	89,0	6006	70,4	FORBES u. Mitarb.	(7)
	5		8500	93,4	6120	72,0	„ „	(7)
Eiweiß	12	4860	3630	75,8	2080	57,3	FORBES u. SWIFT	(8)
(Rindfl. extrahiert)	5		3720	73,9	1380	37,1	FORBES u. Mitarb.	(7)
	5		3730	76,4	1850	49,6	„ „	(7)
Herzmuskel	16	5559	4820	86,7	3571	74,1	KRISS	(18)
Casein	16	5175	4254	82,2	2168	51,0	„	(18)
Gelatine	16	4573	3709	81,1	2343	63,2	„	(18)
Cerelose (corn sug.)	12	3420	3342	97,6	2650	79,3	FORBES u. SWIFT	(8)
Dextrin	5		3535	93,7	1990	56,3	FORBES u. Mitarb.	(7)
	5		3517	95,6	2250	64,0	„ „	(7)
Wachsende Ratten								
Olivenöl	4		9426		7866	83,5	KRISS, FORBES, MILLER	(19)
Schweineschmalz	5		9127	97,2	6590	72,2	FORBES u. Mitarb.	(7)
	5		8959	96,9	6280	72,0	„ „	(7)
Eiweiß	5		3980	76,4	1190	29,9	„ „	(7)
(Rindfl. extrahiert)	5		3543	74,0	1240	35,0	„ „	(7)
Casein	6		4083		2799	68,6	KRISS, FORBES, MILLER	(19)
Stärke	4		3740		2900	77,5	„ „ „	(19)
Dextrin	5		3780	99,2	1720	45,5	FORBES u. Mitarb.	(7)
	5		3663	96,9	2150	58,7	„ „	(7)

dingt erforderlich, wenn der Gesamtstoffwechsel gemessen werden soll. Es sind daher diese Versuche mit den eigenen nicht exakt vergleichbar.

Die kritische Durchsicht der Versuchsreihen ergibt, daß die Meßwerte über die Verwertung der Nährstoffe nicht reproduzierbar sind. Systematische Unterschiede zwischen ausgewachsenen und wachsenden Tieren lassen sich aus dem Versuchsmaterial ebenfalls nicht ableiten. Es soll daher von einer detaillierten Besprechung der einzelnen Versuchsreihen Abstand genommen werden.

Insgesamt gesehen läßt sich aus der Literaturübersicht schlußfolgern, daß bei Kaninchen die Zahl der Meßwerte zu gering ist, um verallgemeinerungsfähige Durchschnittswerte für den energetischen Produktionswert der reinen Nährstoffe ableiten zu können, und daß bei Ratten auf Grund der angewendeten Versuchsmethodik, die den Gesamtstoffwechsel nicht vollständig erfaßt, bisher keine den heutigen Anforderungen entsprechenden Unterlagen über den energetischen Produktionswert reiner Nährstoffe vorliegen.

C. Eigene Versuche

Wie einleitend erwähnt, gelangten die Nährstoffe Erdnußöl, Dorschmehlprotein, Kartoffelstärke und die Zuckerarten Saccharose, Lactose, Glucose, Fructose und Galaktose zur Untersuchung. Der Schwerpunkt wurde dabei auf die Messung des energetischen Produktionswertes der reinen Nährstoffe Erdnußöl, Protein, Stärke und Rohrzucker gelegt. Die Messung der Verwertung der übrigen Zuckerarten erfolgte im allgemeinen in 7–9 Versuchen. Eine Wiederholung der Versuche wurde bei den Zuckerarten dann durchgeführt, wenn sich eine vom Rohrzucker abweichende Verwertung ergab.

Die Versuche wurden nach dem vollständigen Differenzverfahren angelegt, und die Anordnung der Versuche wurde im allgemeinen so gewählt, daß die Perioden mit den einzelnen Nährstoffzulagen zyklisch wiederkehrten; d. h. es wurden zunächst mit jedem Tier zeitlich so eng wie möglich zusammenliegend die Ansatzwerte der einzelnen Nährstoffe einmal gemessen und danach folgten in ähnlicher Versuchsanordnung die Wiederholungen. Durch diese Versuchsfolge können evtl. Änderungen im Erhaltungsstoffwechsel, wie sie von NEHRING, HOFFMANN und SCHIEMANN [22] festgestellt wurden, besser erfaßt werden.

Einen Überblick über die Zahl der durchgeführten Gesamtstoffwechselversuche gibt Tabelle 4, aus der der Umfang der vorliegenden Arbeit zu ersehen ist.

Tabelle 4. *Anzahl der durchgeführten Versuche*

Grundfutter und Zulagen	Kaninchen				Ratten			
	begonnene Versuche	abgebrochene Versuche	ausgeschaltete Versuche	ausgewertete Versuche	begonnene Versuche	abgebrochene Versuche	ausgeschaltete Versuche	ausgewertete Versuche
Grundfutter	105	—	2	103	186	—	19	167
erhöhtes Grundfutter	—	—	—	—	16	—	—	16
Erdnußöl	10	1	—	9	16	—	—	16
Dorschmehlprotein	16	1	—	15	39	3	10	26
Stärke	24	—	2	22	40	—	11	29
Saccharose	12	—	—	12	24	3	—	21
Lactose	8	—	—	8	9	—	—	9
Glucose	8	—	1	7	8	—	—	8
Fructose	9	—	—	9	16	—	—	16
Galaktose	13	4	—	9	7	—	—	7
insgesamt	205	6	5	194	361	6	40	315

Es wurden insgesamt 205 Gesamtstoffwechselversuche mit Kaninchen und 361 mit Ratten durchgeführt. Aus der Tabelle ist weiterhin zu entnehmen, daß jeweils 6 Versuche bei Kaninchen und Ratten wegen Verweigerung der Futteraufnahme abgebrochen werden mußten und 5 Versuche bei Kaninchen und 40 bei Ratten entsprechend 2,5% bzw. 11,3% der insgesamt durchgeführten Versuche bei der Auswertung ausgeschaltet wurden, worauf später noch einzugehen ist.

I. Methodischer Teil

Die Versuchsmethodik war im wesentlichen die gleiche wie die in den von NEHRING, HOFFMANN und SCHIEMANN [22] veröffentlichten Versuchen über die Verwertung der Futterenergie in Abhängigkeit vom Ernährungsniveau, so daß im Folgenden nur auf das zur Beurteilung der Arbeit Notwendige eingegangen wird.

1. Tiermaterial

Bei den Kaninchenversuchen wurde mit der Rasse „Klein-Chinchilla" gearbeitet. Die Zahl der weiblichen und männlichen Tiere war etwa gleich. Der Verwandtschaftsgrad der Tiere war als hoch anzusehen. Für die Versuche wurden zunächst 6, später 9 Tiere verwendet. Beim Arbeiten mit 6 Tieren verblieben bei ständiger Auslastung der Respirationsapparaturen größere Futterrückstände durch Nachlassen der Freßlust. Durch Hinzuziehen weiterer 3 Tiere und das dadurch mögliche vorsichtige Abhungern der Tiere in einer Zwischenfütterungsperiode konnten Futterrückstände weitestgehend vermieden werden. Die Tiere hatten im Durchschnitt bei Versuchsbeginn ein Alter von 2 Jahren, so daß sie als ausgewachsen angesehen werden können. Lediglich ein Ersatztier mußte bereits mit 10 Monaten in die Versuchsreihen aufgenommen werden. Während der über $2^1/_2$ Jahre laufenden Versuchsreihen mußten 3 Tiere ausgetauscht werden; ein Tier verendete im Respirationskasten infolge einer partiellen Verstopfung der Apparatur durch Erstickung; zwei Tiere mußten wegen andauernder Freßunlust ausgeschaltet werden.

In den Rattenversuchen wurden männliche Albinos verwendet, die durch jahrelange Inzucht einen hohen Verwandtschaftsgrad aufwiesen. Das Alter der Tiere betrug zu Versuchsbeginn 5—6 Monate mit Gewichten über 240 g, wonach das Wachstum im wesentlichen als abgeschlossen angesehen werden kann. Die Versuche wurden mit 16 Tieren durchgeführt, von denen sich 8 Tiere 20 Monate und die nächsten 8 Tiere 9 Monate im Versuch befanden. Während der gesamten Versuchszeit waren 4 nicht vorgesehene Wechsel der Tiere notwendig. 2 Tiere erstickten in der Respirationsapparatur, da Schlauchverbindungen gerissen waren und dadurch die Luftzufuhr unterbrochen wurde; 2 Tiere mußten wegen anhaltender Freßunlust ausgewechselt werden.

2. Periodendauer und Periodenfolge

Die Dauer der Vorfütterungsperiode betrug bei Kaninchen 7—8 Tage und bei Ratten 4—5 Tage. Die Hauptfütterungsperiode dauerte bei Kaninchen 10 Tage und bei Ratten 7—8 Tage. Abkürzungen der Versuchszeit waren gelegentlich erforderlich, wenn ein Nachlassen der Freßlust beobachtet wurde.

In sämtlichen Versuchen kam der vollständige Differenzversuch der Periodenanordnung: Grundfutter/Grundfutter + Zulage/Grundfutter ... zur Anwendung.

3. Futter und Fütterung

3.1 Die Grundfutterrationen

Für die Grundfutterzusammenstellung wurde auf eine größere Anzahl von Einzelkomponenten zurückgegriffen, um möglichst eine Vollwertigkeit zu erzielen. Während der Versuchszeit kamen bei Kaninchen und Ratten jeweils 2 Mischungen zur Anwendung, deren Zusammensetzung Tabelle 5 zu entnehmen ist:

Tabelle 5. *Zusammensetzung der Grundfuttermischungen für Kaninchen und Ratten* (Angaben in %)

Kaninchen Mischung	I	II	Ratten Mischung	I	II
Kleemehl	29	22	Maismehl	60	60
Luzernemehl	15	20	Gerstenmehl	16	20
Hafermehl	15	10	Kokosexpeller	6	—
Maismehl	10	15	Trockenhefe	6	—
Gerstenmehl	20	20	Tiermehl	5	7
Sojabohnenmehl	4	10	Tr.-Magermilch	5	3
Erdnußmehl	4	—	Erdnußmehl	—	4
Trockenhefe	2	3	Sojabohnenmehl	—	4
Citosan	1	—	Citosan	1	1
			Mineralsalze	1	1

Die einzelnen Futtermittel wurden fein gemahlen (1 mm) und innig vermischt; die Ratten erhielten das Futter mehlig und die Kaninchen gekrümelt. Die Krümelstruktur wurde durch Anfeuchten, Formen und Trocknen bei 50—60 °C erreicht. Die Futtereinwaagen erfolgten auf Grund der Trockensubstanz jeweils für die gesamte Vor- und Hauptperiode, wobei die Einwaage bei Kaninchen mit einer Genauigkeit von ± 100 mg und bei Ratten von ± 5 mg erfolgte. Die Höhe der Grundfuttergabe betrug bei Kaninchen 80 und 84 g Trockensubstanz und bei Ratten 10,0 und 10,5 g Trockensubstanz. Die unterschiedliche Höhe der Grundfuttergabe bei Kaninchen richtete sich nach dem Gewicht der Tiere, während bei den Ratten im Verlauf der Versuche eine Umstellung von 10,5 g auf 10,0 g vorgenommen wurde, da bei 10,5 g noch ein relativ hoher Ansatz vorlag. Im Durchschnitt deckten die Grundfuttergaben gut den Erhaltungsbedarf der Tiere und bewirkten bei Kaninchen einen Ansatz von 7,2 kcal und bei Ratten bei der höheren Ration einen Ansatz von 2,6 kcal und bei der niedrigen Ration einen Ansatz von 0,7 kcal.

Da das Grundfutter nur ein Hilfsmittel zur Durchführung der Differenzversuche darstellt, sollen bereits im methodischen Teil die Angaben über Zusammensetzung, Verdaulichkeit und Verwertung der Grundfutterrationen gemacht werden. In Tabelle 6 sind die Durchschnittswerte der Futtermittelanalysen für die beiden Grundfuttermischungen für beide Tierarten zusammengestellt.

Obwohl in der Zusammensetzung der Mischungen, wie Tabelle 5 zeigt, Unterschiede bestehen, ergeben sich in der chemischen Zusammensetzung der Grundfuttermischungen für die einzelnen Tierarten im Wesentlichen nur geringe Differenzen. Die Wahl des Rohproteingehaltes des Grundfutters erfolgte so, daß bei der Zulage der N-freien Nährstoffe die Gesamtration noch einen optimalen Rohproteingehalt von 13—14% aufwies. Der Dorschmehlproteinzulage konnte dahingehend nicht Rechnung getragen werden, da selbst bei starker Herabsetzung des Rohproteingehaltes der Grundfutterration durch die Zulage des Dorschmehlproteins die optimale Grenze des N-Gehaltes in der Gesamtration weit überschritten worden wäre. Es wurde deshalb von einer gesonderten Grundfuttermischung für die Eiweißzulage abgesehen.

Tabelle 7 gibt einen Überblick über die mittlere Verdaulichkeit der Grundfutterrationen; ferner ist die Verdaulichkeit der Energie und die umsetzbare Energie in % der verdaulichen Energie aufgenommen.

Tabelle 6. *Durchschnittswerte der Futtermittelanalysen der Grundfuttermischungen* (in % der Tr.-Substanz)

	Kaninchen		Ratten	
	Mischung I	Mischung II	Mischung I	Mischung II
Trockensubstanz	100	100	100	100
Rohasche	6,50	6,83	4,01	4,07
Organische Substanz	93,50	93,17	95,99	95,93
Rohprotein	17,97	18,55	17,33	16,89
Rohfett	3,18	2,53	3,60	6,23
Rohfaser	15,75	16,56	3,99	4,95
N-freie Extraktstoffe	56,60	55,53	71,07	67,86
Kohlenstoff	44,83	44,72	45,05	45,31
Stickstoff	2,88	2,97	2,77	2,70
Wärmewert cal/g	4404	4401	4448	4518

Tabelle 7. *Die Verdauungskoeffizienten des Grundfutters sowie die verdauliche Energie in % der Bruttoenergie und die umsetzbare Energie in % der verdaulichen Energie*

	Kaninchen		Ratten	
	Mischung I	Mischung II	Mischung I	Mischung II
Anzahl d. Einzelwerte	35	68	128	39
Organische Substanz	70,2 ± 0,2	70,3 ± 0,1	86,2 ± 0,1	86,2 ± 0,1
Rohfett	77,6 ± 0,5	77,4 ± 0,4	85,9 ± 0,3	88,6 ± 0,3
Rohfaser	23,4 ± 1,1	31,7 ± 0,3	49,1 ± 0,6	63,5 ± 0,7
N-freie Extraktstoffe	81,6 ± 0,3	81,4 ± 0,1	91,3 ± 0,1	91,2 ± 0,1
Kohlenstoff	68,2 ± 0,2	68,5 ± 0,2	85,0 ± 0,1	84,8 ± 0,1
Stickstoff	72,6 ± 0,5	70,9 ± 0,3	73,6 ± 0,2	71,7 ± 0,3
verdauliche Energie	67,9 ± 0,2	68,3 ± 0,2	84,4 ± 0,1	84,2 ± 0,1
umsetzbare Energie	93,3 ± 0,1	93,7 ± 0,1	96,9 ± 0,0	96,6 ± 0,1

Die Verdaulichkeit des Grundfutters ist bei beiden Tierarten als hoch zu bezeichnen. Zwischen den beiden Grundfuttermischungen bestehen nur unwesentliche Unterschiede in der Verdaulichkeit. Wie aus den Mittelwertstreuungen entnommen werden kann, ist die Übereinstimmung der Verdaulichkeit zwischen den Tieren zufriedenstellend. Zur Beurteilung der Verdauungskoeffizienten für Rohfett und Rohfaser bei den Rattenversuchen muß darauf hingewiesen werden, daß die Bestimmung dieser beiden Substanzgruppen jeweils aus den Mischproben des Kotes von 4 Tieren erfolgte, da die Kotmenge eines Einzeltieres pro Stoffwechselversuch nicht ausreicht, um eine vollständige WEENDER Analyse, den Brennwert und die C-Bestimmung durchzuführen.

Bei den Kaninchenversuchen entfielen von der Bruttoenergie im Durchschnitt 32% und bei den Ratten 16% auf die Kotenergie. Der Anteil der Harnenergie von der verdaulichen Energie betrug bei den Kaninchen durchschnittlich 7,5% und bei den Ratten 3,5%.

Zur Ermittlung der Höhe der Futterverzehrkorrekturen bei der Differenzauswertung ist es erforderlich, die Verwertungshöhe des Grundfutters zu kennen. Bei den Kaninchen wurde zur Berechnung der Verwertung des Grundfutters eine mit 5 Tieren durchgeführte spezielle Versuchsreihe mit 66, 84 und 108 g Grundfuttergabe herangezogen. Die Differenzauswertung dieser Versuchsreihe ergab im Mittel eine Verwertung von 69,6% ± 2,5 und die korrelative Auswertung 70,6% ± 2,4. Bei den Ratten wurden bei 8 Tieren 2 Perioden mit 12,5 g Futtergabe eingeschaltet und die Verwertung gegen den Durchschnitt von 4 Grundfutterperioden mit 10,0 g Futtergabe im Differenzverfahren berechnet. Sie ergab sich zu 75,3% ± 2,3. Es wurde daher für die Korrekturen bei den Kaninchen eine Verwertung des Grundfutters von 70% und bei den Ratten von 75% zugrunde gelegt.

3.2 *Die Zulagen*

Da die Verdaulichkeit der unbehandelten Kartoffelstärke bei den Ratten nur 54% und bei den Kaninchen 82% betrug, wurde die Kartoffelstärke gekocht, getrocknet und gemahlen. Bei den Kaninchenversuchen kam in 2 Versuchsserien „Rubaquell" zur Anwendung, das ist im großtechnischen Verfahren gequollene und getrocknete Kartoffelstärke.

Die Herstellung des Dorschmehlproteins erfolgte aus Dorschfilet, das tiefgefroren, gemahlen bzw. ungefroren durch den Fleischwolf gedreht, mit Aceton extrahiert, danach getrocknet und fein gemahlen wurde. Eine Vorbehandlung der übrigen Nährstoffe erfolgte nicht.

Die Zulagen wurden mit Ausnahme des Erdnußöls für jeweils eine Periode mit dem Grundfutter innig vermischt, was beim Kaninchenfutter vor dem Anfeuchten und Krümeln geschah, damit die Zulagen mit dem Grundfutter gut verklebten und die Mischung einwandfrei war. Eine getrennte Zugabe der Zulagen war nicht möglich, da besonders bei den Kaninchen Rückstände verblieben. Die Ölzugabe erfolgte täglich zum Grundfutter aus einer Pipette unter Gewichtskontrolle. Ein Vermischen mit dem Grundfutter im Futtergefäß war nicht nötig, da die Tiere das Öl bereitwillig aufnahmen. Die Abweichungen der täglichen Ölzugabe vom Mittelwert betrugen bei den Kaninchen ± 10—30 mg, bei den Ratten ± 2 bis 12 mg. Die Fütterung erfolgte täglich einmal zu gleicher Uhrzeit; Wasseraufnahme ad libitum.

Hinsichtlich der höchstmöglichen Zulage der reinen Nährstoffe wurde in Vorversuchen die Futteraufnahme und die Wirkung der Zulagen auf die Verdaulichkeit des Grundfutters geprüft. Unter Berücksichtigung dieser Faktoren wurde die Höhe der Zulagen nach den in Tabelle 8 zusammengestellten Angaben bemessen.

Tabelle 8. *Die Höhe der Zulagen*

Nährstoff	Kaninchenversuche		Rattenversuche	
	Die Höhe der Zulagen			
	in g	in % d. Bruttoenergie des GF	in g	in % d. Bruttoenergie des GF
Erdnußöl	15	39	1,5	31—33
Dorschmehlprotein .	18—20	28—30	2,0—2,5	25—30
Stärke	22—24	26—28	2,5	22—23
Saccharose	24	26	2,5	22
Lactose	24	24	2,5	21
Glucose	24	24	2,5	21
Fructose	20	20	2,5	21
Galaktose	15	15	2,0	17

4. Erfassung und Analyse der Ausscheidungen der Tiere

Die Sammlung und Aufarbeitung des Kotes, des Harns, der Haare, die Messung des Gaswechsels sowie die Gewichtsbestimmung der Tiere erfolgte, wie bei NEHRING, HOFFMANN und SCHIEMANN [22] angegeben ist. Die in etwa $^1/_2$-jährigen Abständen vorgenommene Überprüfung der Respirationsapparaturen durch Eichversuchsserien ergab, daß die Anforderungen an die Genauigkeit der CO_2- und O_2-Messungen jeweils erfüllt wurden (Abweichungen $< \pm 1{,}0\%$). Bei den Kaninchenversuchen wurden je nach dem verwendeten apparativen System (PETTENKOFER bzw. HALDANE) 5—7 24-stündige Gaswechselmessungen pro Periode und bei den Ratten 7—8 durchgeführt. Die Umgebungstemperaturen wurden entsprechend den früheren Untersuchungen von HOFFMANN und SCHIEMANN [13] über den Einfluß der Temperatur auf den Energiewechsel bei den Kaninchenversuchen auf 23 ± 1 °C und bei den Rattenversuchen auf 25 ± 0,5 °C eingestellt.

5. Versuchsauswertung und Korrekturen

Die angewendeten Faktoren zur Bilanzaufrechnung und zur Berechnung der Wärmeproduktion können der Veröffentlichung von NEHRING, HOFFMANN und SCHIEMANN [22] entnommen werden.

In fast allen Versuchen wurde neben den zur Erfassung der N-, C- und Energiebilanz notwendigen Messungen auch der O_2-Verbrauch der Tiere bestimmt, so daß die Möglichkeit der Bilanzkontrolle über das Gesetz der Erhaltung der Energie gegeben ist. In der folgenden Tabelle 9 sind die Abweichungen der Energiebilanz von der energetisch ausgedrückten stofflichen Bilanz zusammengestellt. Letztere ist die Bezugsgröße bei der Vorzeichenwahl der Abweichungen. Als Bezugsbasis der Größe der prozentualen Abweichung wurde die Bruttoenergie des jeweiligen Versuchs gewählt.

Tabelle 9. *Mittelwert und Verteilung der Abweichungen zwischen der energetischen Bilanz und der energetisch ausgedrückten stofflichen Bilanz*

Tierart	Mittel der Abweichungen in %	Verteilung der Abweichungen; absolut und relativ			
		0—1,0%	1,1—2,0%	2,1—3,0%	> 3%
Kaninchen	— 0,6	138 67,3%	53 25,9%	14 6,8%	— —
Ratten	+ 0,7	180 49,9%	100 27,7%	57 25,8%	24 6,7%

Die Übereinstimmung zwischen den beiden Bilanzaufrechnungen ist insgesamt gesehen für derartige Versuche als zufriedenstellend zu betrachten. Die Übereinstimmung ist bei den Kaninchenversuchen günstiger als bei den Rattenversuchen. Unter Berücksichtigung der Einschränkungen über den Wert der Bilanzkontrolle als Maß für die Zuverlässigkeit des Einzelwertes, worüber von HOFFMANN und SCHIEMANN [12] berichtet worden ist, wurden auf Grund des Bilanzvergleiches in der Auswertung nur die Versuche mit Abweichungen über 3% ausgeschaltet; dies betrifft 24 = 6,7% der Versuche mit Ratten. Eine Überprüfung, ob die Zulagen einen spezifischen Einfluß auf eine Bilanzverschiebung bewirken, ergab keine Beeinflussung der Bilanzverschiebung.

Wie in den früheren Versuchen mit Kleintieren [22] wurde auch in diesen Versuchsreihen eine systematische Verschiebung der Abweichungen ins Negative bei Kaninchen und ins Positive bei Ratten festgestellt. Die Ursache(n) für diese systematischen Verschiebungen, die auch bei den Großtierversuchen [24, 25] auftraten, können bisher nicht angegeben werden. Die Auswertung aller Versuche nach dem Differenzverfahren wurde einheitlich über die energetisch ausgedrückte stoffliche Bilanz vorgenommen.

Die Berechnung der verdaulichen und der umsetzbaren Energie sowie des Ansatzes der Zulagen erfolgte durch Differenzbildung gegen die beiden die Zulagenperiode einschließenden Grundfutterperioden. Von den beiden Einzelwerten wurde der Mittelwert berechnet und als ein Meßwert behandelt. Durch die getrennte Aufrechnung gegen beide Grundfutterperioden ist die Möglichkeit gegeben, eine Grundfutterperiode, die mit außergewöhnlichen Versuchsfehlern behaftet ist, auszuschalten und ggf. auftretende „Serienfehler" zu erfassen. Bei Ausschaltung einer Grundfutterperiode wurde die Aufrechnung gegen die nächstliegende vorgenommen. Die Prüfung, ob durch eine Aufrechnung der Zulageperioden gegen den Durchschnitt sämtlicher Grundfutterperioden der Einzeltiere die Streuung der Ansatzwerte vermindert wird, ergab im Gegenteil eine Erhöhung der Streuung. Dies muß in Zusammenhang mit den auch in früheren Versuchen sowohl bei den Kleintieren [22] als auch bei Rindern [24] beobachteten Veränderungen des Erhaltungsstoffwechsels während längerer Versuchszeiten gesehen werden, woraus zu schlußfolgern ist, daß zur Eliminierung dieses Einflusses bei der Bestimmung der energetischen Verwertung von reinen Nährstoffen oder Futterstoffen die Zahl der Grundfutterperioden nicht reduziert werden darf, sondern das „vollständige" Differenzverfahren der Anordnung: Grundfutterperiode/Zulageperiode/Grundfutterperiode ... angewandt werden muß. Ggf. kann auch noch eine 2. Zulageperiode zwischen die beiden Grundfutterperioden eingeschoben werden.

Bei der Auswertung der Versuche fanden 3 Korrekturen Anwendung, die in direkter Beziehung zum Energiewechsel stehen, und zwar

a) die Futterverzehrkorrektur
b) die Lebendgewichtskorrektur
c) die Korrekturen für Verdauungsänderungen des Grundfutters.

Zu a): Bei Einwaage der Futterrationen nach dem Trockensubstanzgehalt werden Futterverzehrkorrekturen für einen unterschiedlichen Grundfutterverzehr in der Grundfutter- und Zulagenperiode nur erforderlich, wenn Futterrückstände verbleiben. Kleine Futterrückstände sind bei Kleintieren infolge des Anhaftens des Futters am Futtergefäß und infolge Verstreuens von Futter praktisch unvermeidbar. Die Futterrückstände der gesamten Periode werden nach Trocknung bei 105 °C gewogen und nach Maßgabe der Mischungsverhältnisse zwischen Grundfutter- und Zulagenanteil von der Einwaage abgesetzt. Die Grundfuttereinnahme in den Zulageperioden wurde auf die Einnahme der jeweiligen Grundfutterperiode korrigiert, wobei sich für die umsetzbare Energie die Korrekturgröße aus der jeweiligen Grundfutterperiode ergibt und für die Berechnung der Nettoenergie der Grundfutterverzehrdifferenz die bereits mitgeteilten Verwertungskoeffizienten des Grundfutters von 70% bei Kaninchen und 75% bei Ratten verwendet werden.

Zu b): Lebendgewichtsänderungen zwischen Grundfutter- und Zulagenperiode sind bei Anwendung des Differenzverfahrens unvermeidbar. Da der Erhaltungsbedarf der Tiere vom Lebendgewicht abhängig ist, sind die energetischen Ansatzdifferenzen zwischen Grundfutter- und Zulagenperiode auf einheitliches Lebendgewicht zu korrigieren. Da aus den vorliegenden Versuchsreihen infolge der bewußt niedrig gehaltenen Gewichtsdifferenzen eine gesicherte Feststellung der Korrekturgrößen nicht möglich war, wurden die an einem umfangreichen Material von NEHRING, HOFFMANN und SCHIEMANN [22] ermittelten durchschnittlichen Korrekturwerte der Nettoenergie von 30 cal/g Lebendgewichtsänderung bei den Kaninchen und von 120 cal/g bei den Ratten angewandt.

Zu c): Die einseitige Zulage von reinen Nährstoffen beeinflußt in vielen Fällen die Verdaulichkeit des Grundfutters. Mit Erhöhung der Zulage wächst im allgemeinen auch die Verdauungsbeeinflussung. Die Zulage muß jedoch in angemessener Höhe verabreicht werden, um den Fehler der Ansatzdifferenz niedrig zu halten. Demzufolge lassen sich Korrekturen für Verdauungsänderungen des Grundfutters nicht vermeiden, wenn der energetische Produktionswert der Zulage bestimmt werden soll, da die Verdauungsänderungen den Energieumsatz beeinflussen. Bei der Korrektur der Verdauungsdepressionen bzw. -erhöhungen der Nährstoffe des Grundfutters wurde mit folgenden Näherungswerten gerechnet (Angaben in kcal/g Nährstoff):

Nährstoffgruppe	verd. Energie	umsetzb. Energie	Ansatz	
	beide Tierarten		Kaninchen	Ratten
N-freie Extraktstoffe . . .	4,0	4,0	2,5	3,0
Rohfaser	4,0	4,0	2,5	3,0
Rohprotein	5,5	4,5	3,0	3,0
Rohfett	9,0	9,0	8,0	8,0

Die Prüfung, ob die Verwendung der Näherungswerte einen wesentlichen Einfluß auf die endgültigen Versuchsergebnisse ausübt, ergab, daß sich in den Fällen mit den höchsten Verdauungsänderungen die Ansatzwerte maximal nur um 0,5% änderten. Es wurde daher von einer nochmaligen Umrechnung des Energieumsatzes der reinen Nährstoffe mit den ermittelten Durchschnittswerten für die Energiewechselgrößen abgesehen, zumal der Energieumsatz der Rohfaser nicht bestimmt werden konnte und den Korrekturgrößen damit von vornherein ein Fehler anhaftet.

6. Der Anteil der Korrekturen und des Proteinansatzes am Gesamtansatz

Zur Beurteilung der Beeinflussung der durch die reinen Nährstoffe bewirkten Ansatzwerte durch die einzelnen Korrekturen sind in Tabelle 10 für die einzelnen Nährstoffe die durchschnittlichen Anteile der Korrekturen am korrigierten Gesamtansatz mit Angabe der Streuung zusammengestellt. Ferner ist in Tabelle 10 der durchschnittliche aus der N-Bilanz errechnete kalorische Proteinansatz in % des unkorrigierten Gesamtansatzes mit Angabe der Streuung aufgenommen.

Tabelle 10. *Der Anteil des Proteinansatzes am unkorrigierten Gesamtansatz und der Anteil der Korrekturen am korrigierten Gesamtansatz* (mit Angabe der Streuung der Einzelwerte)

Nährstoff	Protein-ansatz %	korr. Ansatz-differenz kcal	Futter-verzehr-korrektur %	Lebend-gewichts-korrektur %	Verdau-lichkeits-korrektur %	Gesamt-korrektur %	Anzahl der Versuche
			a) Kaninchenversuche				
Erdnußöl . .	3,4± 3,0	124,52	0,5± 1,1	1,2±1,4	1,6±0,6	3,3± 1,9	9
Dorschmehl pr.	32,8±26,0	46,67	8,3±10,2	4,3±3,0	3,8±5,2	16,3±11,7	15
Stärke . . .	2,5± 8,9	58,41	1,1± 8,0	5,2±3,9	8,2±4,8	14,5± 9,7	22
Saccharose .	7,5± 7,6	62,73	-0,1± 8,0	2,8±2,7	2,5±3,6	5,1± 7,9	12
Lactose . .	7,4± 3,8	58,92	1,6± 1,1	5,2±3,2	7,3±5,5	14,0± 7,3	8
Glucose . .	8,3± 5,4	58,60	-3,7± 3,8	4,9±2,5	1,6±6,6	2,7± 6,4	7
Fructose . .	2,4± 9,1	51,58	6,1±12,7	1,7±2,5	3,5±2,1	11,5±14,6	9
Galaktose . .	-2,4±11,7	31,44	9,1±14,3	6,4±3,6	3,0±4,2	18,6±17,9	9
			b) Rattenversuche				
Erdnußöl . .	13,0± 4,9	11,916	2,7± 7,1	12,2±5,0	0,7±1,4	15,6± 9,8	16
Dorschmehl pr.	35,2±24,3	6,178	-0,8± 4,9	12,2±7,0	-2,1±2,2	9,3± 9,7	26
Stärke . . .	16,2± 8,2	7,370	1,8± 3,8	14,1±9,5	2,7±1,5	18,7±10,3	29
Saccharose .	17,0± 7,7	7,254	1,6± 4,9	10,4±8,9	1,7±1,4	13,7±12,2	21
Lactose . .	9,1±10,0	6,271	4,8±10,8	12,5±8,7	12,8± 3,3	30,1±12,3	9
Glucose . .	16,1± 6,8	6,731	0,1± 1,2	14,3±4,3	1,3± 1,9	15,6± 4,6	8
Fructose . .	21,5±12,4	6,330	0,2± 1,8	14,0±6,3	2,5± 2,6	16,7± 7,0	16
Galaktose . .	-5,5±26,6	2,981	6,1±13,4	9,4±6,0	3,2± 2,1	18,7±10,9	7

Aus den hohen Streuungen ist zu entnehmen, daß die Einzelversuche mit unterschiedlichen Korrekturen behaftet sind. Den Hauptanteil der Gesamtkorrekturen machen die Lebendgewichtskorrekturen aus, die bei den Rattenversuchen infolge des hohen Erhaltungsbedarfs 10–14%, bei den Kaninchenversuchen bis zu 6% betragen. Hohe Futterverzehrkorrekturen ergaben sich bei den Dorschmehlproteinzulagen bei Kaninchen und bei den Galaktosezulagen bei beiden Tierarten. Die Verdaulichkeitskorrekturen sind bei den Kaninchenversuchen insgesamt höher als bei den Rattenversuchen; sie beeinflussen jedoch mit Ausnahme der Stärkeversuche bei Kaninchen und der Lactoseversuche bei beiden Tierarten den direkt ermittelten Ansatz nicht bedeutend.

Über die durch die Korrekturen bewirkten Fehler bei der Ansatzberechnung wird im nächsten Abschnitt eingegangen.

Durch das Arbeiten mit ausgewachsenen Tieren im Ernährungsabschnitt der Mast soll die Verwertungshöhe bei der Umbildung der Nährstoffe in Körperfett gemessen werden. Für den Aufbau der Fettgewebe ist gleichzeitig der Aufbau der Stütz- und Bindegewebe erforderlich, so daß auch bei der Fettmast ausgewachsener Tiere ein geringer Proteinansatz erfolgen muß. Dieser Anteil dürfte jedoch mit höchstens 5% des kalorischen Gesamtansatzes eingeschätzt werden können. Demgegenüber liegt insbesondere bei den Rattenversuchen der aus der N-Bilanz errechnete kalorische Proteinansatz erheblich höher, ohne daß eine stoffwechselphysiologische Erklärung hierfür gegeben werden kann. In umfangreichen langfristigen N-Bilanzversuchen an Ratten wurde von NEHRING und Mitarbeitern [23] festgestellt, daß der aus der Bilanz errechnete retinierte Stickstoff nicht vollständig bei der Tierkörperanalyse wiedergefunden wird, daß ein „N-Verlust" auftritt. Es muß daher angenommen werden, daß auch in den vorliegenden Versuchen die aus der N-Bilanz errechneten Proteinansätze nicht dem tatsächlichen Proteinansatz entsprechen. Dies wird durch eine korrelative Untersuchung an 30 Kaninchen- und 48 Rattenversuchen mit weit variierendem Proteinansatz erhärtet, in der die Beziehung zwischen der Verwertungshöhe und der relativen Höhe des Proteinansatzes geprüft wurde. Zwischen den beiden Größen ergab sich keine Korrelation, obwohl man annehmen müßte, daß die Bildung von Körpereiweiß aus den resorbierten Aminosäuren mit geringeren Energieverlusten erfolgt als die Bildung von Körperfett. Es wurde daher von einer Umrechnung des Proteinansatzes auf Fettansatz Abstand genommen. Die Nettoenergiewerte sind dem kalorischen Gesamtansatz gleichzusetzen.

7. *Der Einfluß der Fehler auf die Ansatzdifferenz*

Die fehlerkritische Auswertung*) der Versuche führte zu folgenden Hauptergebnissen und Schlußfolgerungen:

Die Streuung der Energiebilanz wird im wesentlichen durch die durch das Tier bedingte Variationsstreuung (physiologischer Fehler, biologische Streubreite) verursacht; sie ist etwa 3- bis 4mal höher als die durch die Analytik bedingte Fehlerstreuung. Die Variationsstreuung liegt in den Zulageperioden höher als in den Grundfutterperioden. So ergab z. B. eine entsprechende Auswertung von 48 Kaninchenversuchen folgende Streuungswerte:

	Fehlerstreuung	Variationsstreuung	Gesamtstreuung
24 Grundfutterversuche	± 1,2 kcal	± 3,6 kcal	± 3,7 kcal = 1,1% der Einnahmen
24 Zulagenversuche	± 1,4 kcal	± 5,2 kcal	± 5,3 kcal = 1,2% der Einnahmen

Daraus ist zu schlußfolgern, daß die Genauigkeit der Analytik ausreichend ist und die Fehlerstreuung in einem günstigen Verhältnis zur Variationsstreuung steht. Die erhöhte Variationsstreuung in den Zulageperioden wird hauptsächlich durch eine höhere Streuung der täglichen Kotausscheidungen und der Gaswechsel-

*) Bezüglich Einzelheiten der fehlerkritischen Auswertung wird auf die Dissertation von JENTSCH [15] verwiesen.

größen bewirkt. Wenn man nach dem Fehlerfortpflanzungsgesetz den Einfluß der durchschnittlichen Streuungen der Energiebilanzen und der Korrekturfehler, die für die Futterverzehrkorrektur mit ± 10% und für die Lebendgewichtskorrektur und die Verdaulichkeitskorrektur mit jeweils ±20% eingeschätzt werden, auf die Ansatzdifferenz untersucht, so ergibt sich einmal, daß die errechneten Fehler in befriedigender Übereinstimmung mit den experimentell ermittelten Fehlern stehen und daß zum anderen die Fehler der Korrekturen nur einen geringen Einfluß ausüben, da die Höhe der Fehler im wesentlichen durch die hohe Variationsstreuung bedingt ist. Daraus ist zu entnehmen, daß praktisch sämtliche Fehlerquellen erkannt und erfaßt sind, daß sich durch Verfeinerung der Analytik und durch Verminderung der Korrekturgrößen die Streuungen nur unwesentlich reduzieren lassen und daß die relativen Fehler durch Vergrößerung der Ansatzdifferenz, d. h. durch Erhöhung der Zulage wesentlich vermindert werden können. Da aber einer solchen Erhöhung physiologische Grenzen gesetzt sind, kann eine Sicherung der Ansatzwerte praktisch nur durch eine genügende Anzahl von Parallelversuchen erfolgen, wobei aus dem vorliegenden Versuchsmaterial abgeleitet werden kann, daß zur Erreichung einer wenigstens 95%igen Sicherung der Mittelwerte je nach möglicher Ansatzdifferenz 4 bis 8 Einzelversuche erforderlich sind.

II. Experimenteller Teil

1. Chemische Zusammensetzung und Energiewerte der Zulagen

In den Kaninchen- und Rattenversuchen kamen die gleichen reinen Nährstoffe zur Anwendung. In Tabelle 11 sind die Analysenwerte und die Energiewerte der verfütterten Nährstoffe zusammengestellt.

In der letzten Zahlenreihe sind die Brennwerte für die reinen Nährstoffe ohne Begleitstoffe angegeben. Bei der Korrektur des Brennwertes kamen für 1 g Rohasche = 0 cal, für 1 g Rohfett = 9,5 kcal und für 1 g Rohprotein = 5,5 kcal in Anrechnung.

Aus Tabelle 11 ist ersichtlich, daß die Zuckerarten keine Verunreinigungen enthalten und die C- und Energiewerte im Rahmen der Fehlergrenze der Bestimmung mit den theoretischen Werten übereinstimmen, während bei Stärke und Dorschmehlprotein Verunreinigungen vorhanden sind, die in die Bilanzaufrechnung mit eingehen, jedoch bei der Verdaulichkeitskorrektur berücksichtigt werden. Zwischen den verfütterten Proben von Dorschmehlprotein und Stärke wurden unterschiedliche Energiewerte gefunden, die sich durch Wiederholungsanalysen bestätigen ließen. Da die maximale Differenz der korrigierten Brennwerte bei Dorschmehlprotein 2,3% und bei Stärke 1,5% beträgt, wird eine getrennte Besprechung der einzelnen Versuchsserien beim Energieumsatz nicht als notwendig erachtet. Lediglich bei Stärke und „Rubaquell" wird wegen des unterschiedlichen Herstellungsverfahrens eine getrennte Darstellung der Versuchsserien erfolgen.

Tabelle 11. *Chemische Zusammensetzung und Energiewerte der Zulagen*

Nährstoff	Organ. Substanz %	Rohfett %	N-freie E.-St. %	C %	N %	Energie cal/g	Energie *) cal/g
Erdnußöl	100	100	—	77,87	—	9534	9534
Dorschmehlprotein I	96,39	0,80	—	51,03	15,38	5634	5816
„ II	96,38	0,09	—	49,79	15,79	5481	5683
„ III	96,50	1,14	—	49,95	15,52	5544	5703
Stärke I	99,22	0,25	98,72	42,78	0,04	4052	4066
„ II	99,22	0,25	98,72	42,72	0,04	4032	4046
„ III	99,28	0,04	99,11	43,45	0,02	4086	4112
„Rubaquell“	99,64	0,59	98,66	43,86	0,06	4151	4129
Saccharose	100	—	100	41,88	—	3956	3956
Lactose**)	100	—	100	41,93	—	3923	3923
Glucose	100	—	100	39,89	—	3736	3736
Fructose	100	—	100	39,86	—	3743	3743
Galaktose	100	—	100	39,85	—	3719	3719

*) Brennwerte der reinen Nährstoffe (der Zulagen ohne Verunreinigung)
**) Berechnet auf wasserfreie Lactose.

2. *Verdaulichkeit der reinen Nährstoffe*

2.1 Versuche mit Kaninchen

In Tabelle 12 sind die zur Beurteilung der Versuche notwendigen Werte über die Verdaulichkeit der reinen Nährstoffe zusammengestellt:

Tabelle 12.
a) Die Verdaulichkeit reiner Nährstoffe bei Kaninchen

Nährstoff	Anzahl der Versuche	Organische Substanz %	Zugelegte Nährstoffgruppe %	Kohlenstoff %	Energie %	Energie der verd. Nährstoffe in % der BE.
Erdnußöl	9	91,5 ± 0,9	96,4 ± 0,4	92,4 ± 0,7	92,9 ± 0,6	98,6 ± 0,2
Dorschmehlprotein	15	87,0 ± 1,4	92,7 ± 0,7	87,1 ± 1,3	87,9 ± 1,3	99,0 ± 0,2
Stärke	10	81,6 ± 1,2	91,0 ± 1,4	79,5 ± 1,3	78,5 ± 1,2	99,1 ± 0,3
„Rubaquell“	14	86,7 ± 1,5	94,7 ± 0,6	85,1 ± 1,8	83,8 ± 1,9	
Saccharose	12	96,1 ± 1,2	98,2 ± 1,0	95,2 ± 1,4	94,6 ± 1,5	99,0 ± 0,5
Lactose	8	90,9 ± 1,7	96,8 ± 0,7	88,7 ± 2,0	87,8 ± 2,4	99,0 ± 0,3
Glucose	8	94,5 ± 1,8	95,6 ± 0,9	93,7 ± 2,2	92,9 ± 2,5	99,1 ± 0,7
Fructose	9	95,7 ± 0,8	98,5 ± 0,6	94,8 ± 1,1	94,9 ± 1,1	100,2 ± 0,4
Galaktose	9	95,3 ± 1,3	98,1 ± 1,4	95,1 ± 1,8	94,2 ± 1,7	99,0 ± 0,8

b) Die Verdauungsdepressionen (bzw. -erhöhungen) *des Grundfutters, bedingt durch die Zulage der reinen Nährstoffe* (mit Angabe der Streuung der Einzelwerte)

Nährstoff	Anzahl d. Versuche	Rohfett mg/Tag	Rohfaser mg/Tag	NFE mg/Tag	Rohprotein mg/Tag	insgesamt mg/Tag
Erdnußöl . .	9	—	−250±260	−520±400	— 50±210	— 820
Dorschmehlprotein . . .	15	−20± 80	−260±520	−710±620	—	— 990
Stärke . . .	10	−20± 50	−700±330	—	−1460±580	−2180
„Rubaquell"	14	+10±360	−530±500	—	−1380±620	−1900
Saccharose .	12	−40± 80	−150±580	—	— 250±370	— 440
Lactose . .	8	−10±410	−510±410	—	— 880±510	−1400
Glucose . .	8	−30±520	+100±930	—	— 280±420	— 210
Fructose . .	9	−40± 80	- 300±270	—	— 260±220	— 600
Galaktose . .	9	+30± 80	−220±360	—	— 220±140	— 410

Die niedrigste Verdaulichkeit wurde für Stärke und Dorschmehlprotein mit 91,0 bzw. 92,7% bestimmt, während die übrigen zugelegten Nährstoffe mit 95 bis 99% fast vollständig verdaulich sind. Aus der Streuung der Verdauungskoeffizienten ist zu entnehmen, daß die Übereinstimmung für Versuche mit reinen Nährstoffen als gut anzusehen ist.

Gesicherte individuelle Unterschiede in der Verdaulichkeit der Nährstoffe waren nicht nachweisbar. „Rubaquell" ist höher verdaulich als die Stärke. Dies kann nur durch den längeren Quellungsprozeß bei der Herstellung erklärt werden.

Vergleicht man die für Erdnußöl, Protein und Stärke erhaltenen Verdauungskoeffizienten mit den in Tabelle 1 zusammengestellten Meßwerten von SCHÜRCH, so ergibt sich bei Öl und Protein eine gute Übereinstimmung, während die Verdaulichkeit der Stärke von SCHÜRCH wesentlich niedriger gefunden wurde. Die Ursache hierfür ist in der Vorbehandlung der Stärke zu suchen. In Vorversuchen wurde die Verdaulichkeit der rohen Kartoffelstärke mit 83,5% und 81,4% bestimmt und damit die von SCHÜRCH gefundene Verdaulichkeit der rohen Kartoffelstärke bestätigt.

In der letzten Spalte des Abschnittes a) der Tabelle 12 sind die Energiewerte der verdauten Nährstoffe in % der Bruttobrennwerte der reinen Nährstoffe angegeben. Theoretisch müßte eine volle Übereinstimmung beider Größen vorliegen, da eine selektive Resorption ausscheidet. Die gefundene Abweichung des Energiegehaltes der verdauten Nährstoffe vom Bruttobrennwert von durchschnittlich 1% liegt innerhalb der Fehlergrenze. Als Bezugsgröße des Energieumsatzes werden im folgenden die direkt im Kalorimeter bestimmten Energiewerte verwendet.

Die Verdaulichkeit der organischen Substanz liegt in allen Fällen niedriger als die Verdaulichkeit der zugelegten Nährstoffe. Analog entspricht die Verdaulichkeit des Kohlenstoffs und der Energie der der organischen Substanz. Diese Differenz zwischen der Verdaulichkeit der zugelegten Nährstoffe und der organischen Substanz weisen darauf hin, daß durch die Zulage der reinen Nährstoffe Verdauungsdepressionen beim Grundfutter bewirkt werden. Im Abschnitt b) der Tabelle 12 sind die mittleren Verdauungsänderungen der Nährstoffgruppen des Grundfutters mit der Größe der Streuung zusammengestellt. Obwohl die Streuungen recht beachtlich sind, sind im Durchschnitt der Versuche gerichtete Verdauungsänderungen vorhanden. Die höchsten Depressionen bewirkt die Stärkezulage. Beim Rohprotein beträgt die Depression durch die Stärke 10% der Rohproteineinnahme (bzgl. der Höhe der Grundfuttereinnahme siehe Abschnitt 3.1 des methodischen Teils), bei Rohfaser etwa 5% der Rohfasereinnahme im Grundfutter, während das Rohfett im Durchschnitt wenig beeinflußt wird. Beim Erdnußöl und Dorschmehlprotein erstrecken sich die Depressionen besonders auf die N-freien Extraktstoffe und betragen etwa 1 bzw. 1,5% der Einnahme. Die Zuckerarten wirken auf die Verdaulichkeit des Grundfutters im Prinzip wie die Stärke; die Höhe der Depressionen beträgt jedoch nur etwa 1 bis 2% der Einnahme im Grundfutter, mit Ausnahme der Lactose, die Depressionen von etwa 6% der Rohproteineinnahme und etwa 4% der Rohfasereinnahme bewirkt.

In Vorversuchen wurde die Verdaulichkeit der Cellulose geprüft. Die nach dem WEENDER-Verfahren hergestellte Rohfaser wurde gut gefressen. Der Rohfaseranteil war bis zu 10% verdaulich; durch die Depressionswirkung konnte jedoch gegenüber der Grundfutterperiode keine erhöhte Zufuhr an verdaulicher organischer Substanz erzielt werden.

Daraufhin wurde Strohstoff aus Roggenstroh annähernd nach dem Verfahren hergestellt, das KELLNER [17] anwandte. Die Analysenergebnisse und die Verdaulichkeit des Strohstoffs sind in Tabelle 13 mitgeteilt:

Tabelle 13. *Die Zusammensetzung und Verdaulichkeit des Strohstoffs* (20 g Strohstoffzulage)

	Org. Substanz	Rohprotein	Rohfett	Rohfaser	N-freie Extr.-Stoffe
Zusammensetzung					
Strohstoff I . . .	96,67 %	0,44 %	1,52 %	80,88 %	14,13 %
„ II . . .	96,29 %	0,63 %	2,87 %	85,09 %	7,70 %
Verdaulichkeit					
Strohstoff I . . .	4,8 %	−0,75 g	−0,32 g	12,5 %	+0,05 g
	6,9 %	−1,38 g	−0,21 g	23,0 %	−0,73 g
„ II . . .	−1,3 %	−0,36 g	+0,36 g	7,0 %	−1,43 g
	+0,1 %	−1,29 g	+0,31 g	23,4 %	−2,89 g

Strohstoff I wurde aus gehäckseltem Stroh, Strohstoff II aus gemahlenem Stroh hergestellt. Die mit jeweils 2 Tieren durchgeführten Verdauungsuntersuchungen ergaben, daß der Strohstoff praktisch unverdaulich ist. Die Aufnahme von Zellstoff und Filtrierpapier wurde von den Kaninchen verweigert, obwohl die Vermischung mit dem Grundfutter einwandfrei war. Auf Grund der schlechten Verdaulichkeit der Substanzen bzw. der Verweigerung der Futteraufnahme konnten Nettoenergiewertmessungen mit Cellulose nicht durchgeführt werden.

2.2 Versuche mit Ratten

In Tabelle 14 sind analog den Angaben für Kaninchen in Tabelle 12 die Ergebnisse über die Verdaulichkeit der reinen Nährstoffe in den Versuchen mit Ratten zusammengestellt:

Tabelle 14

a) Die Verdaulichkeit reiner Nährstoffe bei Ratten

Nährstoff	Anzahl der Versuche	Organische Substanz %	Zugelegte Nährstoffgruppe %	Kohlenstoff %	Energie %	Energie der verd. Nährstoffe in % d. BE
Erdnußöl . . .	16	96,9±0,8	98,9±0,2	97,6±0,5	97,7±0,4	99,7±0,1
Dorschmehlpr. .	36	96,0±0,5	96,1±0,3	95,8±0,5	95,8±0,5	100,0±0,2
Stärke	40	94,6±0,3	97,9±0,2	93,5±0,3	92,8±0,4	99,4±0,1
Saccharose . . .	21	98,3±0,4	99,9±0,2	97,7±0,5	97,4±0,5	99,6±0,1
Lactose . . .	9	86,6±0,9	95,5±0,9	82,8±1,2	80,8±1,4	98,7±0,5
Glucose	8	96,8±0,8	98,1±0,2	96,0±1,0	95,7±1,2	99,3±0,3
Fructose	16	98,3±0,4	99,5±0,2	97,7±0,6	97,4±0,7	100,2±0,1
Galaktose . . .	7	98,0±0,7	99,0±0,3	96,8±0,8	96,3±0,8	99,1

b) Die Verdauungsdepressionen (bzw. -erhöhungen) *des Grundfutters, bedingt durch die Zulage der reinen Nährstoffe* (mit Angabe der Streuung der Einzelwerte)

Nährstoff	Anzahl d. Versuche	Rohfett mg/Tag	Rohfaser mg/Tag	NFE mg/Tag	Rohprotein mg/Tag	insgesamt mg/Tag
Erdnußöl . . .	16	—	— 1±22	—21±26	— 6±29	— 28
Dorschmehlpr. .	36	— 3± 9	+ 3±12	— 1±37	—	— 1
Stärke	40	— 4± 7	— 7±12	—	— 73±19	— 84
Saccharose . . .	21	+ 1± 5	—18±14	—	— 25±18	— 42
Lactose	9	—18± 7	—49±15	—	—169±52	—236
Glucose	8	+ 4± 2	— 4±14	—	— 31±28	— 31
Fructose	16	—14±12	+ 2± 8	—	— 19±22	— 31
Galaktose . . .	7	— 8± 3	+ 5± 8	—	— 13±13	— 16

Die Verdaulichkeit der zugelegten Nährstoffe liegt bei den Ratten noch höher als bei den Kaninchen. Mit Ausnahme der Lactose sind die Zuckerarten praktisch vollständig verdaulich; auch die Verdaulichkeit von Dorschmehlprotein mit 96,1%, von Stärke mit 97,9% und von Erdnußöl mit 98,9% ist ebenfalls sehr hoch. Individuelle Unterschiede in der Verdaulichkeit waren bei Stärke zwischen 2 Tieren und bei Dorschmehlprotein zwischen 7 Tieren durch die statistische Prüfung gesichert nachweisbar. Die Energiewerte der verdauten Nährstoffe kommen mit durchschnittlich 99,5% den Bruttoenergiewerten der Nährstoffe sehr nahe.

Wesentliche Verdauungsdepressionen der einzelnen Nährstoffgruppen des Grundfutters ergaben sich nur bei der Lactose und der Stärkezulage. Auf die Grundfuttereinnahme bezogen bewirkt die Lactosezulage bei Rohprotein und Rohfaser eine Depression von etwa 10% und die Stärkezulage von etwa 5%.

In Vorversuchen wurde die Verdaulichkeit der rohen Kartoffelstärke an 6 Tieren geprüft. Die Ermittlung der Verdauungskoeffizienten für die N-freien Extraktstoffe und die organische Substanz ergab 54,9 ± 3,9% bzw. 42,2 ± 3,7%. Die Depression betrug etwa 3% der im Grundfutter zugeführten organischen Substanz. Die rohe Kartoffelstärke besitzt demnach eine hohe Verdauungsresistenz, was in Übereinstimmung mit den Ergebnissen von YOSHIDA und MORIMOTO [32] steht. Die Verdaulichkeit der Cellulose wurde ebenfalls in Vorversuchen geprüft. Die nach dem WEENDER Analysenverfahren hergestellte Rohfaser war bei Ratten wie bei Kaninchen praktisch unverdaulich. Es wurde daher ebenfalls auf die Substanzen zurückgegriffen, die bei den Kaninchenversuchen Verwendung fanden. Strohstoff nahmen die Tiere bereitwillig auf, desgleichen das Filtrierpapier im feuchten Zustand.

Die Verdaulichkeit der organischen Substanz betrug im Mittel von Vorversuchen mit 4 Tieren bei Filtrierpapier – 0,7% und bei 2 Strohstoffarten 1,9 bzw. 21,5%. Auf Grund der niedrigen Verdaulichkeit konnte auch bei Ratten der energetische Produktionswert der Cellulose nicht bestimmt werden.

3. *Der Einfluß der Zulagen auf die Harnausscheidung und die Höhe der respiratorischen Quotienten*

Relativ zu den Harnausscheidungen im Grundfutter ist bei der Dorschmehlproteinzulage die N-Ausscheidung am stärksten erhöht; es folgen die energetischen Mehrausscheidungen und dann erst die Mehrausscheidungen an Kohlenstoff. Daraus ergibt sich, daß der Energiegehalt pro g N im Harn bei Proteinzulage zurückgeht, woraus zu schlußfolgern ist, daß anteilmäßig die Harnstoffausscheidung im Harn gegenüber den sonstigen N-haltigen Substanzen in stärkerem Maße erfolgt als beim Grundfutter. Die im Harn ausgeschiedene Energiemenge pro g N verdauten Dorschmehlproteins errechnet sich bei Kaninchen zu 6,87 kcal und bei Ratten zu 6,04 kcal (Werte sind auf N-Gleichgewicht korrigiert). KELLNER [17] berechnete bei seinen Kleberversuchen mit Ochsen einen Wert von 6,76 kcal, und RUBNER (zitiert von KELLNER) bei Versuchen mit Hunden 6,69 kcal/g N im Harn. Vergleichsweise beträgt der kalorische Wert bei Harnstoff pro g N 5,42 kcal. Folglich entfällt die Ausscheidung im Harn bei Proteinzulagen im wesentlichen auf Harnstoff.

Die Zulagen der N-freien Nährstoffe bewirken eine Verminderung der N-Ausscheidungen im Harn gegenüber den Grundfutterperioden, woraus auf eine höhere Verwertung des Stickstoffs geschlossen werden muß. In diesem Zusammenhang sei auf die Höhe des Proteinansatzes unter Punkt 6 des methodischen Teils verwiesen. Die C-Ausscheidungen und die Energiewerte des Harns werden durch Zulagen der N-freien Nährstoffe nur ganz unwesentlich beeinflußt, wobei allerdings die Galaktosezulage eine Ausnahme bildet. Bei Galaktosezulage ist bei beiden Tierarten der C- und Energiegehalt des Harns stark erhöht, obwohl die Zulage auf 15 g bei Kaninchen und auf 2 g bei den Ratten reduziert wurde, da die Tiere die ursprünglich vorgesehenen Gaben von 24 g bzw. 2,5 g nicht aufnahmen. Die quanitative Untersuchung des Harns ergab, daß 28% der Galaktosegabe bei Kaninchen und 45% bei Ratten im Harn ausgeschieden wurden, wovon mehr als die Hälfte unveränderte Galaktose war.

Galaktoseausscheidungen im Harn nach Galaktoseverabreichung beobachteten mehrere Forscher; SCHOENEMANN [28] fand bei Hunden bis zu 60% der verfütterten Galaktose im Harn. CREMER [1] stellte Galaktoseausscheidung im Harn bei Kaninchen fest. HANDLER [10] und EMSLIE u. HENRY [2] fanden bei Ratten Galaktose im Harn. HARDING und MOBERLEY [11] stellten Galaktosurie bei Menschen schon bei geringer Aufnahme von Galaktose fest.

Der tierische Organismus ist in der Lage, durch WALDEN'sche Umkehr Galaktose in Glucose überzuführen; er kann jedoch nur in beschränktem Umfang Waldenase bilden, so daß bei Überangebot von Galaktose eine Ausscheidung im Harn erfolgt. Nach den Untersuchungen mit Lactose ist anzunehmen, daß die maximale Höhe der Verarbeitung von Galaktose bei 12 g bei den Kaninchen und bei 1,2 g bei den Ratten liegt, da durch 24 g bzw. 2,5 g Lactose keine Veränderung der im Harn bestimmten Komponenten aufgetreten ist, während sich bei den Galaktosezulagen von 15 g bei Kaninchen und 2 g bei Ratten bereits erhebliche Mehrausscheidungen im Harn ergaben.

WEINLAND [31], CREMER [1], LENKEIT und BECKER [20] und HANDLER [10] stellten Zuckerausscheidungen im Harn nach Lactosefütterung fest. Die Ursache der unterschiedlichen Aussagen wird in den differierenden Rationshöhen zu suchen sein.

Wie stoffwechselphysiologisch zu erwarten, bewirkten die Kohlenhydrate gegenüber den Grundfutterperioden eine Erhöhung der respiratorischen Quotienten, während das Erdnußöl eine Erniedrigung verursachte. In den Versuchen mit Dorschmehlproteinzulage waren die respiratorischen Quotienten annähernd gleich denen der Grundfutterperioden. Dies ergibt sich aus der Übersicht der Tabelle 15.

4. Die Verwertung der einzelnen reinen Nährstoffe

4.1 Die Verwertung reiner Nährstoffe durch Kaninchen

In Tabelle 16 sind die Mittelwerte des Energieumsatzes der reinen Nährstoffe mit Angabe der Mittelwertstreuungen unter Berücksichtigung der im methodischen Teil besprochenen Korrekturen für die durchgeführten Kaninchenversuche zusammengestellt.

Tablle 15. *Der Einfluß der Zulagen auf den Gaswechsel*

Grundfutter bzw. Zulagen	Kaninchen		Ratten	
	Anzahl der Versuche	CO_2/O_2	Anzahl der Versuche	CO_2/O_2
Grundfutter I	32	0,924±0,025	128	0,951±0,025
II	71	0,929±0,014	39	0,942±0,018
Erdnußöl	9	0,901±0,014	16	0,932±0,011
Dorschmehlprotein	15	0,917±0,014	26	0,946±0,020
Stärke	22	0,991±0,020	29	1,009±0,027
Saccharose	12	1,012±0,022	21	0,997±0,016
Lactose	8	1,005±0,030	9	0,981±0,018
Glucose	8	1,013±0,014	8	1,004±0,020
Fructose	9	1,012±0,007	16	0,985±0,014
Galaktose	9	0,972±0,016	7	0,963±0,011

Tabelle 16. *Der Energieumsatz reiner Nährstoffe durch Kaninchen*

Nährstoff	Bruttoenergie i. cal/g Nährst.	verd. Energie i. cal/gNährst.	verdauliche Energie in % der Brutto-energie	umsetzb. E. i. cal/g verd. Nährstoff	umsetzb. Energie in % d. Energie d. verd. Nährst.	Ansatz in cal/g verd. Nährstoff	Verwertung in % der um-setzb.Energie	Anzahl der Versuche
Erdnußöl	9534	9058	95,0±0,4	9393	98,6±0,4	8718±138	92,8±1,2	9
Dorschmehl-protein	5763	5297	91,9±0,9	4740	82,3±0,8	2882± 68	60,8±1,3	15
Stärke	4086	3678	90,0±1,5	4046	99,0±0,9	2637± 70	65,2±1,7	10
„Rubaquell“	4129	3890	94,2±0,8	4087	99,0±1,0	2806± 99	68,7±2,1	12
Stärke + „Rubaquell“	4109	3794	92,3±0,9	4081	98,9±0,6	2729+ 64	67,0±1,4	22
Saccharose	3956	3846	97,2±1,1	3888	98,3±1,0	2726± 65	70,1±1,3	12
Lactose	3923	3759	95,8±0,9	3858	98,5±0,9	2755±145	71,3±3,7	8
Glucose	3736	3534	94,6±1,5	3726	99,5±1,4	2645± 90	71,0±1,5	7
Fructose	3743	3693	98,7±0,9	3754	100,3±1,0	2516± 66	67,0±1,5	9
Galaktose	3719	3612	97,1±1,8	2681	72,1	2080	78,1±4,1	9

Bei der Auswertung der Versuche wurden von den 14 mit „Rubaquell“ durchgeführten Versuchen 2 und von den 8 mit Glucose durchgeführten Versuchen 1 ausgeschaltet, da die ermittelten Verwertungskoeffizienten der umsetzbaren Energie bei „Rubaquell“ extrem niedrig (34,0% und 43,2%) und bei Glucose extrem hoch (93,8%) lagen.

Insgesamt gesehen ist die angestrebte Sicherung der Mittelwerte der Verwertungskoeffizienten der reinen Nährstoffe > 95% mit Ausnahme der Lactose- und Galaktoseversuche erreicht, so daß die Werte verallgemeinerungsfähig und damit als repräsentativ für das Verwertungsvermögen der reinen Nährstoffe durch Kaninchen anzusprechen sind. Die Versuche mit Lactose wurden nicht wiederholt, da der Mittelwert der Verwertung dem der Saccharose und der Glucose entspricht. Von einer Wiederholung der Galaktoseversuche wurde wegen der bereits besprochenen Stoffwechselstörungen (s. S. 255) bei hohen Galaktosegaben Abstand genommen. Größenordnungsmäßig entspricht die Verwertung der umsetzbaren Energie der Galaktose der der anderen Zuckerarten.

Im einzelnen betrachtet liegt das Verwertungsvermögen der umsetzbaren Energie zum Ansatz beim Erdnußöl mit 93% sehr hoch. Diese Verwertungshöhe steht jedoch in Einklang mit den Vorstellungen über die intermediäre Umbildung von Nahrungsfett in Körperfett (vgl. hierzu SCHIEMANN [2e]). Die umsetzbare Energie entspricht fast vollständig der Energie des verdauten Öls, während die verdauliche Energie unter Berücksichtigung der Verdaulichkeitskorrekturen 95% der Bruttoenergie beträgt. Ein Vergleich der erhaltenen Werte über die Verwertung des Erdnußöls mit den von SCHÜRCH bestimmten (s. Tab. 2, S. 236) ergibt eine sehr hohe Differenz. SCHÜRCH ermittelte in 3 Versuchen einen mittleren Verwertungskoeffizienten von 62%. Es ist anzunehmen, daß den eigenen Versuchen auf Grund des größeren Umfangs des experimentellen Materials die höhere Sicherheit zukommt.

Die verdauliche Energie des Dorschmehlproteins beträgt 92% der Bruttoenergie; von der Energie des verdauten Nährstoffs werden ca. 18% im Harn ausgeschieden. Der Ansatz pro g verdauten Nährstoffs beträgt 2882 cal bei einer Verwertung der umsetzbaren Energie zum Ansatz von 61%. SCHÜRCH fand, wie in Tabelle 2 angegeben ist, einen Ansatz von 2248 cal bei einer Verwertung von 42%. Da von SCHÜRCH nur 2 Versuche vorliegen, deren Schwankungsbreite bei der Aufrechnung gegen die einschließenden Grundfutterperioden sehr hoch ist (s. S. 237), kommt den eigenen Untersuchungen die größere Sicherheit zu. Der von TOMME ermittelte Verwertungskoeffizient für Kleber stimmt mit dem Ergebnis der eigenen Versuche trotz unterschiedlicher Meßmethodik überein.

Von SCHIEMANN [26] wurde der Versuch unternommen, aus den Intermediärumsetzungen der Aminosäuren die maximale Verwertungsgröße bei der Umwandlung von Protein in Körperfett zu berechnen. Er errechnete einen maximalen Ansatzwert von 3400 cal pro g Protein bei einer Verwertung der umsetzbaren Energie von 71%. Die experimentell bestimmten Werte bei Kaninchen liegen um etwa 15% niedriger.

Wie im methodischen Teil erwähnt, kamen bei Kartoffelstärke zwei Proben zur Verfütterung; einmal wurde Kartoffelstärke gekocht, getrocknet und gemahlen und in dieser Form an die Tiere verfüttert und zum anderen wurde industriell vorbehandelte Kartoffelstärke, die unter der Handelsbezeichnung „Rubaquell“ erhältlich ist, verwendet. In Tabelle 16 ist eine entsprechende Unterteilung der energetischen Umsatzwerte vorgenommen. Bei „Rubaquell“ wurden bei der verdaulichen Energie wie beim Ansatz höhere Werte gefunden als bei der von uns vorbehandelten Stärke. Inwieweit das Quellungsverfahren von Einfluß auf die Verwertung ist, kann nicht sicher entschieden werden. Die Unterschiede der Verwertung zwischen den beiden Proben sind statistisch nicht gesichert, so daß eine Mittelbildung zulässig ist. Im Mittel beträgt die verdauliche Energie vorbehandelter Stärke 92% und ist der umsetzbaren Energie fast gleichzusetzen. Der mittlere Ansatzwert pro g verdaulichen Nährstoffs wurde zu 2729 cal bei einem Verwertungskoeffizienten von 67 gefunden. Ein Vergleich dieser Verwertungshöhe mit den Meßergebnissen von SCHÜRCH (s. Tab. 2) ergibt, daß wie bei Erdnußöl und Eiweiß auch bei der Stärke von diesem eine niedrigere Verwertung ermittelt wurde. Auf Grund des wesentlich größeren Umfangs des experimentellen Materials dürfte den eigenen Versuchen die größere Sicherheit zukommen.

Bei den untersuchten Zuckerarten, die zu 95–99% verdaulich sind, entspricht mit Ausnahme der Galaktose die umsetzbare Energie praktisch der Energie des verdauten Anteils. Auf die hohe Ausscheidung der Galaktose im Harn wurde bereits hingewiesen (s. S. 255). Die Verwertung der umsetzbaren Energie ist bei Saccharose, Lactose und Glucose gleich und liegt etwas höher als die Verwertung der Stärke. Die Verwertung der Fructose wurde in gleicher Höhe wie die Verwertung der Stärke gefunden. Die statistische Prüfung ergab, daß die Differenzen in der Verwertung der untersuchten Kohlenhydrate nicht gesichert sind. Es kann daher bei Kaninchen unabhängig von der verfütterten Substanz für Stärke und die wichtigsten Mono- und Disaccharide mit einer Verwertungshöhe der umsetzbaren Energie bei der Fettmast von 70% gerechnet werden. Dieser wichtige Befund, daß zwischen der Verwertung von Stärke und Zucker keine größere Differenz besteht, steht in Einklang mit den Vorstellungen über den Intermediärstoffwechsel der Kohlenhydrate. SCHIEMANN [26] berechnete eine maximale Verwertungshöhe für Kohlenhydrate bei monogastrischen Tierarten von ca. 80%. Diese maximale Verwertungshöhe kann nur erreicht werden, wenn eine optimale Kopplung zwischen Atmungskette und oxydativer Phosphorylierung vorliegt, so daß die theoretische Erwartung über die Höhe der Verwertung der Kohlenhydrate zwischen 70–75% liegt. Die gefundenen Verwertungskoeffizienten liegen demzufolge an der unteren Grenze der theoretischen Erwartung gemäß den Betrachtungen über den intermediären Energiewechsel der Kohlenhydrate.

Die statistische Prüfung, ob zwischen der Verwertung der Kohlenhydrate und der Verwertung des Öls bzw. des Proteins gesicherte Differenzen bestehen, ergab, daß das Öl hochsignifikant höher und das Protein hochsignifikant niedriger verwertet wird als die Kohlenhydrate. Daraus ergibt sich gleichzeitig, daß Protein hochsignifikant niedriger als Öl verwertet wird.

Die Prüfung auf individuelle Unterschiede im Verwertungsvermögen führte zu den Feststellungen, daß im Fettstoffwechsel, d. h. in der Umbildung der zum Grundfutter zugelegten Nährstoffe in Körperfett, keine signifikanten Differenzen zwischen den Einzeltieren nachweisbar waren, daß aber im Erhaltungsstoffwechsel zwischen den Tieren zum Teil erhebliche Differenzen bestanden. So ergaben sich im Durchschnitt der Grundfutterversuche nach Korrektur auf gleiche umsetzbare Energie von 232 kcal und Korrektur der Energiebilanzen auf ein Lebendgewicht von 3500 g für die Einzeltiere folgende Ansatzwerte (Angaben in kcal):

Tier	I	II	III	IV	V	VI	VII	VIII	IX
Ansatz	12,47	6,53	11,48	4,03	13,51	1,70	8,98	5,15	6,33

Die Differenzen in den Ansatzwerten sind zwischen den Tieren I und VI sowie VI und V über 99,9% und zwischen den Tieren I und II, I und IV, II und V, II und VI sowie VI und VII über 99% gesichert. Differenzen im Erhaltungsstoffwechsel beeinflussen jedoch die Messung der Nettoenergie im Bereich der Fettmast ausgewachsener Tiere bei Anwendung des Differenzverfahrens nicht. Dies ergibt sich aus der Prüfung, ob eine Korrelation zwischen Erhaltungsbedarfsforderung und Verwertung bei der Fettmast besteht. Die Prüfung führte zu dem Ergebnis, daß keine Tendenz zu einer solchen Korrelation vorliegt. Das Ergebnis der unterschiedlichen Erhaltungsbedarfsforderung der Einzeltiere ist von erheblicher praktischer Bedeutung im Hinblick auf die Selektion guter „Futterverwerter", da in der Tierhaltung bedeutende Futtermengen für die Deckung des Erhaltungsbedarfs verbraucht werden.

4.2 Die Verwertung reiner Nährstoffe durch Ratten

In Tabelle 17 sind die Mittelwerte des Energieumsatzes der isolierten Nährstoffe mit Angabe der Mittelwertstreuung unter Berücksichtigung der im methodischen Teil besprochenen Korrekturen für die durchgeführten Rattenversuche zusammengestellt:

Tabelle 17. *Der Energieumsatz reiner Nährstoffe durch Ratten*

Nährstoff	Bruttoenergie in cal/g Nährstoff	verdaul. Energie in cal/g Nährst.	verdaul. Energie in % der Bruttoenergie	umsetzb. Energie in cal/g verd. Nährstoff	umsetzb. Energie in % d. Energie des verd. Nährst.	Ansatz in cal/g verd. Nährstoff	Verwertung in % der umsetzbaren Energie	Anzahl der Versuche
Erdnußöl . .	9534	9398	98,6±0,2	9648	101,2±0,3	8015±146	83,1±1,5	16
Dorschmehl pr.	5754	5540	96,3±0,4	5034	87,5±0,8	3194± 78	63,6±1,7	26
Stärke . . .	4051	3931	97,1±0,3	4083	100,8±0,4	3081± 49	75,5±1,2	29
Saccharose .	3956	3936	99,5±0,3	3991	100,9±0,4	2924± 58	73,3±1,6	21
Lactose . .	3923	3719	94,8±0,8	3797	96,8±0,9	2817±144	74,2±3,8	9
Glucose . .	3736	3638	97,4±0,5	3763	100,7±0,6	2773±154	73,7±4,1	8
Fructose . .	3743	3731	99,7±0,4	3812	101,8±0,7	2569± 91	67,5±2,5	16
(Galaktose .	3719	3647	98,1	2060	55,4	1530	78,2	7)

Wie im methodischen Teil erwähnt, wurden bei den Ratten alle Versuche ausgeschaltet, die eine höhere Abweichung als 3% zwischen der energetisch ausgedrückten stofflichen Bilanz und der Energiebilanz aufwiesen. Von den Zulageversuchen betrifft dies 5 Versuche mit Dorschmehlprotein und 2 Versuche mit Stärke. Darüber hinaus wurden bei der Auswertung eine Versuchsserie mit Dorschmehlproteinzulage an 5 Tiere und 3 Versuche sowie ein Teil einer Versuchsserie mit Stärkezulage an 6 Tiere ausgeschaltet. Bei der ausgeschalteten Versuchsserie mit Dorschmehlprotein wurde eine extrem niedrige Verwertung von 47% gemessen. Eine zunächst nicht geplante Wiederholung der Serie mit den gleichen Tieren ergab eine volle Übereinstimmung mit den ersten 3 durchgeführten Versuchsserien mit Dorschmehlprotein. Es muß daher geschlossen werden, daß ein nicht erkannter Fehler in der Versuchsserie aufgetreten ist. Die Ausschaltung der 3 Einzelversuche mit Stärke erfolgte, da in diesen Versuchen extrem niedrige Verwertungskoeffizienten (46; 56; 63) gefunden wurden, wobei der Anteil der Korrekturen in diesen Versuchen extrem hoch lag. Die Ausschaltung eines Teils einer Versuchsserie mit Stärke war notwendig, da sich die Tiere in der 1. Zulageperiode im Versuch befanden und die Eingewöhnung der Tiere an die Versuchsbedingungen (dies ergibt sich aus den Stoffwechselgrößen der die Zulageperiode einschließenden Grundfutterperioden) noch nicht abgeschlossen war.

Wie bei den Versuchen mit Kaninchen ist die angestrebte Sicherung der Mittelwerte der Verwertungskoeffizienten ($>$ 95%) bei den meisten Nährstoffen erreicht, so daß den Werten eine verallgemeinerungsfähige Bedeutung zukommt. Trotz der höheren Mittelwertstreuung der Verwertungskoeffizienten bei Lactose ($\pm$ 5,1%) und Glucose ($\pm$ 5,6%) wurde von einer Erweiterung der Versuchszahl Abstand genommen, da die Mittelwerte mit den Verwertungskoeffizienten der Stärke und der Saccharose übereinstimmen. Bei den Galaktoseversuchen wurde auf eine Wiederholung wegen der aufgetretenen Stoffwechselstörungen (s. S. 255) verzichtet. Größenordnungsgemäß entspricht die Verwertung der umsetzbaren Energie der Galaktose der der anderen Zuckerarten.

Im einzelnen betrachtet entspricht die Verwertung des Erdnußöls mit 83% den stoffwechselphysiologischen Erwartungen. Es ist mit 98,6% fast vollständig verdaulich; die umsetzbare Energie liegt um etwa 1% höher als die Energie des verdauten Nährstoffs. Man könnte zunächst annehmen, daß dies durch Versuchsfehler begründet ist. Da aber mit Ausnahme von Lactose und Galaktose, für die der Organismus nur eine beschränkte Umsatzkapazität besitzt, auch bei den Kohlenhydraten die umsetzbare Energie um ca. 1% höher liegt als die des verdauten Nährstoffs, wurden die energetischen und die Kohlenstoffausscheidungen im Harn zwischen Grundfutterperioden und Zulagenperioden mit N-freien Nährstoffen verglichen. Sowohl beim Kohlenstoff als auch bei der Energie waren die Ausscheidungen in den Grundfutterperioden höher als bei den Zulageperioden. Da Sammelfehler auf Grund der gleichen Technik auszuschalten sind und sich die Mehrausscheidungen aus 2 unabhängig voneinander durchgeführten Bestimmungsgrößen ergeben, dürften die verminderten Harnausscheidungen bei den Zulagen N-freier Stoffe durch physiologische Ursachen bedingt sein. – Im Vergleich zu den entsprechenden Versuchen mit Kaninchen ergibt sich für Ratten eine um 11% niedrigere Verwertung des Erdnußöls, eine Differenz, die gesichert ist, so daß auch zwischen monogastrischen Tierarten mit tierart-spezifischen Unterschieden des Verwertungsvermögens zu rechnen ist.

Für das Dorschmehlprotein, dessen Energie im Mittel zu 96,3% verdaulich war, errechnet sich die umsetzbare Energie zu 87,5%. Dieser hohe Anteil an umsetzbarer Energie muß in Zusammenhang mit den hohen Proteinansätzen (s. Tab. 10, S. 247) gesehen werden, da bei vollständiger Desaminierung des zugelegten Dorschmehlproteins und Ausscheidung des Stickstoffs in Form von Harnstoff im Harn die umsetzbare Energie bei ca. 82% liegen müßte. Demzufolge ergibt sich pro g verdauten Dorschmehlproteins auch ein relativ hoher Ansatz von 3194 cal bei einer Verwertung der umsetzbaren Energie von nur 64%. Im Vergleich zu den bei Kaninchen gefundenen Werten liegt bei den Ratten auf Grund der höheren umsetzbaren Energie der Ansatz pro g verdauten Nährstoffs um 11% und der Verwertungskoeffizient nur um 5% höher. Diese Werte entsprechen stärker den theoretischen Erwartungen als die bei Kaninchen ermittelten.

Bei den Kohlenhydraten machen bei der verdaulichen und der umsetzbaren Energie die Lactose und bei der umsetzbaren Energie weiterhin die Galaktose Ausnahmen. Wie z. B. DE GROOT und ENGEL[9] bei Wachstumsversuchen mit Ratten fanden, reicht bei höheren Lactosegaben die Lactasekapazität im Verdauungstrakt nicht aus, um eine vollständige Aufspaltung in die Monosaccharide zu bewirken. Hierin dürfte wahrscheinlich auch die niedrigere Verdaulichkeit der Lactose in den eigenen Versuchen begründet sein. Die erniedrigte umsetzbare Energie der Lactose, die bei Galaktose noch wesentlich niedriger liegt, deutet darauf hin, daß auch bei den Lactosegaben von 2,5 g das physiologische Maximum bereits etwas überschritten war, worauf auch die höheren Streuungen der Nettoenergie und der Verwertungskoeffizienten hinweisen. Auf die Schwierigkeiten der Galaktoseumsetzungen im Organismus wurde bereits hingewiesen (s. S. 255).

Zwischen der Stärke und den beiden Disacchariden Saccharose und Lactose sowie der Glucose bestehen in der Verwertungshöhe der umsetzbaren Energie keine Differenzen. Die Verwertung der umsetzbaren Energie liegt zwischen 73 und 75%. Die Ansatzwerte sind entsprechend dem Brennwert bzw. der Höhe der umsetzbaren Energie unterschiedlich. Lediglich bei der Fructose, die auch als der stoffwechselaktivste der geprüften Zuckerarten anzusehen ist, liegt die Verwertung mit 67% niedriger. Die Differenz zur Verwertung der Stärke ist gesichert und zur Verwertung der Saccharose schwach gesichert. Auch bei den Kaninchenversuchen liegt die Verwertung der Fructose etwas niedriger, wenn auch nicht gesichert, als die der anderen Zucker. Im Prinzip bestätigt sich aber auch bei den Rattenversuchen die bereits aus den Versuchen mit Kaninchen gezogene Schlußfolgerung, daß zwischen der Verwertung von Stärke und den wichtigsten Zuckerarten keine wesentlichen Differenzen bestehen, wie es stoffwechselphysiologisch für monogastrische Tierarten zu erwarten ist. Bezüglich der Höhe der Verwertung der Kohlenhydrate übertreffen die Ratten mit rd. 74% die der Kaninchen um 5–10%. Die bei Ratten ermittelten Werte stehen mit den theoretischen Vorstellungen über den Intermediärumsatz der Kohlenhydrate bei der Umbildung in Körperfett in Einklang.

Die statistische Prüfung auf Unterschiede in der Verwertungshöhe zwischen den Kohlenhydraten und dem Öl bzw. dem Protein ergab eine hochsignifikant höhere Verwertung des Erdnußöls und mit Ausnahme der Fructose eine signifikant niedrigere Verwertung des Proteins.

Die Prüfung der Mittelwerte der Verwertungskoeffizienten für die einzelnen Nährstoffe ergab zwischen den Tieren keine signifikanten Differenzen, so daß auch wie bei den Kaninchenversuchen die Feststellung getroffen werden kann, daß im „Fettstoffwechsel" aus dem Versuchsmaterial keine individuellen Differenzen nachweisbar sind. Beim Erhaltungsstoffwechsel bestehen jedoch auch analog den Ergebnissen bei Kaninchen (s. S. 259) eine Reihe gesicherter individueller Differenzen. Zwischen der Höhe der Erhaltungsbedarfsforderung und der Verwertungshöhe bei der Fettmast ist wie bei den Kaninchenversuchen keine Korrelation festzustellen.

D. Zusammenfassung

Als Beitrag für den Ausbau und die Festigung der Lehre Oskar KELLNERs wurden in Gesamtstoffwechselversuchen die Fettproduktionswerte reiner Nährstoffe (Erdnußöl, Dorschmehlprotein, Stärke, Saccharose, Lactose, Glucose, Fructose und Galaktose) bei Kaninchen (205 Einzelversuche) und Ratten (361 Einzelversuche) gemessen. Es wurden folgende Ergebnisse erhalten:

1. In methodischer Hinsicht ist die Schlußfolgerung zu ziehen, daß die Differenzmethode zu reproduzierbaren Ergebnissen führt. Grundfutter- und Zulageperioden müssen zeitlich möglichst eng beieinanderliegen, da während der Versuchszeit gewisse Änderungen im Erhaltungsstoffwechsel beobachtet wurden.

2. Die fehlerkritische Auswertung der Versuche ergab, daß alle Fehlerquellen weitestgehend erfaßt sind und die analytische und apparative Genauigkeit ausreichend ist, da die biologische Variationsstreuung die Gesamtstreuung maßgeblich beeinflußt; eine weitere Verfeinerung der Analytik würde nicht wesentlich zur Verminderung der Gesamtstreuung führen. Die Fehler der Korrekturen wirken sich auf die Gesamtstreuung nur geringfügig aus, obwohl der Korrekturanteil am Gesamtansatz teilweise beachtlich ist.

3. Ein wesentliches Mittel zur Verminderung der Streuung stellt die Vergrößerung der Ansatzdifferenz dar, der jedoch physiologische Grenzen gesetzt sind, so daß die Sicherung der Mittelwerte über eine ausreichende Zahl von Parallelversuchen erfolgen muß. Für eine Sicherung der Mittelwerte von wenigstens 95% sind bei Zulagen von etwa 30% der verdaulichen Energie des Grundfutters 4, bei niedrigeren Zulagen 6–8 Parallelversuche erforderlich.

4. Im experimentellen Teil wurde nach der Besprechung der Verdaulichkeit und der Untersuchung des Einflusses der reinen Nährstoffe auf die Harnausscheidung und den Gaswechsel die Verwertung der reinen Nährstoffe durch Kaninchen und Ratten behandelt. So ergaben sich bei Kaninchen und Ratten folgende energetische Ansatzwerte und Verwertungskoeffizienten:

Nährstoff	Kaninchenversuche		Rattenversuche	
	Ansatz in cal/g verd. Nährstoff	Verwertungskoeffizient	Ansatz in cal/g verd. Nährstoff	Verwertungskoeffizient
Erdnußöl	8718±138	92,8±1,2	8015±146	83,1±1,5
Dorschmehlprotein . . .	2882± 68	60,8±1,3	3194± 78	63,6±1,7
Stärke	2729± 64	67,0±1,4	3081± 49	75,5±1,2
Saccharose	2726± 65	70,1±1,3	2924± 58	73,3±1,6
Lactose	2755±145	71,3±3,7	2817±144	74,2±3,8
Glucose	2645± 90	71,0±1,5	2773±154	73,7±4,1
Fructose	2516± 66	67,0±1,5	2569± 91	67,5±2,5
Galaktose	(2080	78,1	1530	78,2)

5. Erdnußöl wird bei beiden Tierarten hochsignifikant höher und Dorschmehlprotein hochsignifikant niedriger verwertet als die geprüften Kohlenhydrate. Zwischen der Stärke und den Zuckerarten sind (mit Ausnahme von Fructose) keine gesicherten Unterschiede in der Verwertungshöhe nachzuweisen.

6. Es ergab sich, daß im Erhaltungsstoffwechsel signifikante individuelle Unterschiede vorhanden sind, während im Fettstoffwechsel keine gesicherten Unterschiede feststellbar waren.

Literaturverzeichnis

[1] CREMER, M.: Über das Verhalten einiger Zuckerarten im tierischen Organismus. Z. Biologie 1893, **29**, 484.

[2] EMSLIE, A. R., und K. M. HENRY: Glycogen formation in the fowl. The Biochem. J. 1933, **27**, 705.

[3] FINGERLING, G., A. KÖHLER und F. R. REINHARDT: Untersuchungen über den Stoff- und Energieumsatz wachsender Schweine. Landw. Vers.-Stat. 1914, **84**, 149.

[4] FINGERLING, G.: Untersuchungen über den Stoff- und Energieumsatz wachsender Schweine. Landw. Vers.-Stat. 1932, **113**, 273.

[5] FINGERLING, G., und Mitarb.: Untersuchungen über den Stoff- und Energieumsatz wachsender Schweine. Z. Tierernähr. Futtermittelkunde 1943, **6**, 196.

[6] FINGERLING, G., und Mitarb.: Untersuchungen über den Stoff- und Energieumsatz wachsender Schweine. Z. Tierernähr. Futtermittelkunde 1938, **1**, 193.

[7] FORBES, E. B., J. W. BRATZLER, E. J. THACKER und C. F. MARCY: Dynamic effects and net energy values of protein, carbohydrate and fat. J. Nutrit. 1939, **18**, 57.

[8] FORBES, E. B., und R. W. SWIET: Associative dynamic effects of protein, carbohydrate and fat. J. Nutrit. 1944, **27**, 453.

[9] DE GROOT, A. P., und C. ENGEL: The detrimental effect of lactose. Nederl. Melk- en Zuiveltijdschr. 1957, **11**, 270.

[10] HANDLER, P.: The biochemical defect underlying the nutritional failure of young rats on diets containing excessive quantities of lactose or galactose. J. Nutrit. 1947, **33**, 221.

[11] HARDING, V. J., und O. MOBERLEY: Urinary galactose in men and women after the ingestion of galactose. J. Biol. Chem. 1930, **89**, 535.

[12] HOFFMANN, L., und R. SCHIEMANN: Der Wert der Bilanzkontrolle bei Respirationsversuchen. 1. Symposium on energy metabolism. EAAP-Publ. 1960, 8, 234.

[13] HOFFMANN, L., und R. SCHIEMANN: Der Einfluß der Umgebungstemperatur auf den Energiestoffwechsel der Ratte. Wiss. Abh. DAL 1958, **37**, 92.

[14] HOFFMANN, L., R. SCHIEMANN und K. NEHRING: Zur Berechnung der Nettoenergie von Futterstoffen. Arch. Tierernähr. 1960, **10**, 229.

[15] JENTSCH, W.: Die Verwertung isolierter Nährstoffe durch Kaninchen und Ratten. Diss. Univ. Rostock, 1960, 165 S.

[16] KELLNER, O.: Die Ernährung der landwirtschaftlichen Nutztiere. P. Parey-Verlag Berlin, 1916, 7. Aufl.

[17] KELLNER, O.: Untersuchungen über den Stoff- und Energieumsatz des erwachsenen Rindes bei Erhaltungs- und Produktionsfutter. Landw. Vers.-Stat. 1900, **53**, 1.

[18] KRISS, M.: The specific dynamic effects of proteins when added in different amounts to a maintenance ration. J. Nutrit. 1938, **15**, 565.

[19] KRISS, M., E. B. FORBES und R. C. MILLER: The specific dynamic effects of protein, fat and carbohydrate as determined with the albinorat at different planes of nutrition. J. Nutrit. 1934, **8**, 509.

[20] LENKEIT, W., und M. BECKER: Beitrag zur Verwertung des Milchzuckers beim Geflügel. Z. Tierernähr. Futtermittelkunde 1939, **2**, 15.

[21] NEHRING, K., und E.-R. FRANKE: Untersuchungen über die Verwertung von reinen Nährstoffen und Futterstoffen mit Hilfe von Respirationsversuchen; Festschrift anläßlich des 100jährigen Bestehens der landwirtschaftlichen Versuchsstation Leipzig-Möckern. Wiss. Abh. DAL. 1956, Bd. V/3, 255.

[22] NEHRING K., L. HOFFMANN und R. SCHIEMANN: Die Verwertung der Futterenergie in Abhängigkeit vom Ernährungsniveau. Arch. Tierernähr. 1959, **9**, 85.

[23] NEHRING, K., und Mitarb.: Die Bestimmung der biologischen Wertigkeit des Eiweißes; N-Bilanz und N-Ansatz im Tier. Biochem. Ztschr. 1957, **328**, 549.

[24] NEHRING, K., R. SCHIEMANN und L. HOFFMANN: Die Verwertung der Futterenergie in Abhängigkeit vom Ernährungsniveau. 3. Mitt. Versuche mit Rindern und Schafen. Arch. Tierernähr. 1961, **11**, im Druck.

[25] NEHRING, K., R. SCHIEMANN, L. HOFFMANN und W. KLIPPEL: Die Verwertung der Futterenergie in Abhängigkeit vom Ernährungsniveau. 2. Mitt. Versuche mit Schweinen. Arch. Tierernähr. 1960, **10**, 275.

[26] SCHIEMANN, R.: Betrachtungen über den intermediären Energiestoffwechsel im Hinblick auf die Durchführung von Gesamtstoffwechselversuchen. Wiss. Abh. DAL. 1958, **37**, 65.

[27] SCHIEMANN, R.: Kritische Betrachtungen über die Entwicklung der Stärkewertlehre Oskar KELLNERs. Wiss. Abh. DAL 1959, **31**, 1—110.

[28] SCHOENEMANN, R.: Die Verwertung von Kohlenhydraten durch die Fleischfresser. Landw.-Vers.-Stat. 1937, **128**, 1.

[29] SCHÜRCH, A.: Die Wirkung reiner Nährstoffe auf den Fettansatz beim ausgewachsenen Kaninchen. Diss. Zürich, 1946.

[30] TOMME, M. F.: Stoff- und Energiewechsel bei landwirtschaftlichen Nutztieren (Orig.: Russ.). Moskau 1949.

[31] WEINLAND, E.: Beiträge zur Frage nach dem Verhalten des Milchzuckers im Körper, besonders im Darm. Zeitschr. Biologie 1899, **38**, 16.

[32] YOSHIDA, M. und H. MORIMOTO: Utilization of sweet potato starch by rats and its effect on the digestion of dietary protein. J. Nutrit. 1955, **57**, 565.

Eingegangen am 3. 12. 1960

Aus dem Oskar-Kellner-Institut für Tierernährung Rostock
(Direktor: Prof. Dr. Dr. h. c. K. NEHRING)

R. SCHIEMANN, L. HOFFMANN und *K. NEHRING*

Die Verwertung reiner Nährstoffe

2. *Mitteilung*

Versuche mit Schweinen

A. Einleitung und Literaturbesprechung

In der 1. Mitteilung [9] wurde über die durchgeführten Gesamtstoffwechselversuche mit Kaninchen und Ratten zur Bestimmung der energetischen Verwertung einer Reihe reiner Nährstoffe berichtet. Einleitend wurde in der 1. Mitteilung die diesen Arbeiten zugrundeliegende Problematik erörtert, worauf hier verwiesen wird. Im folgenden soll über die Versuche zur Bestimmung des Energieumsatzes reiner Nährstoffe bei Schweinen berichtet werden. Wegen des Umfangs des experimentellen Materials muß auf die Darstellung der Einzelversuche mit Angabe der Grundanalysendaten verzichtet werden *). Hinsichtlich der generellen Arbeitsweise bei der Durchführung von Gesamtstoffwechselversuchen mit Schweinen wird auf die ausführlich gehaltene Veröffentlichung zum Problem der Verwertung der Futterenergie in Abhängigkeit vom Ernährungsniveau verwiesen [10].

Umfangreiche Untersuchungen über den Produktionswert reiner Nährstoffe bei Schweinen sind von FINGERLING [2–6] durchgeführt worden. Über die Verdaulichkeit reiner Nährstoffe wurden früher im Institut Untersuchungen von NEHRING und FRANKE [7, 8] angestellt. In Tabelle 1 wird eine Übersicht über die Verdaulichkeit der organischen Substanz und die Verdaulichkeit des jeweils zugelegten Nährstoffs gegeben. Zur weiteren Charakterisierung ist ferner die durchschnittliche Höhe der Zulagen der reinen Nährstoffe in g Trockensubstanz angegeben.

Die Verdaulichkeit der reinen Nährstoffe liegt mit 96–100% sehr hoch. Mit Ausnahme der Strohstoffzulage halten sich die Verdaulichkeitsänderungen der anderen Nährstoffgruppen des Grundfutters, ersichtlich aus der Differenz zwischen der Verdaulichkeit der Zulage und der Verdaulichkeit der organischen Substanz, in engen Grenzen. Beim Kleber bestehen zwischen den Verdauungsuntersuchungen von FINGERLING und FRANKE Differenzen in Höhe von 4% beim Rohprotein und 8% bei der organischen Substanz, während die Übereinstimmung bei den anderen Nährstoffen als gut zu bezeichnen ist. Es erscheint wichtig, darauf hinzuweisen, daß die Zulagenhöhe bei den Versuchen von FINGERLING verhältnismäßig niedrig gehalten wurde.

---

*) Einzelheiten können von Interessenten im Institut eingesehen werden.

Tabelle 1. *Verdaulichkeit reiner Nährstoffe bei Schweinen*

zugelegter Nährstoff	Höhe der Zulage g Tr.-Subst.	Verdauungskoeffizienten		Zahl der Meß-werte	Versuchs-ansteller	Literatur-angaben
		Organische Substanz	jeweiliger Nährstoff			
Erdnußöl	180	100,7±1,3	98,4±0,4	7	FINGERLING	4, 5
Rüböl	100—300	96,3±5,2	99,2±0,5	12	FRANKE	7
Kleber	240	92,0	96,2	1	FINGERLING	4
	220—660	100,9±1,3	100,7±0,4	12	FRANKE	7
Fleischmehl	260	94,6	95,8	1	FINGERLING	4
Stärke	323	95,6±1,9	99,3±0,6	4	FINGERLING	2, 4
	250—750	93,7	98,4	36	NEHRING u. FRANKE	8
Rohrzucker	400	98,6±0,6	99,6±0,5	6	FINGERLING	6
Strohstoff	250	89,5	97,1	1	FINGERLING	4
Strohcellulose		73,8	93,2	2	BREIREM	1

In Tabelle 2 ist der Energieumsatz der reinen Nährstoffe nach den Untersuchungen von FINGERLING zusammengestellt.

FINGERLING verwendete für die Nettoenergiemessungen Schweine im Gewicht zwischen 90 und 190 kg. Eine Abhängigkeit zwischen der Verwertungshöhe und dem Lebendgewicht in diesem Gewichtsbereich wurde von FINGERLING nicht gefunden. Die Streuung der Verwertungskoeffizienten liegt bei den relativ geringen Zulagen für derartige Versuche sehr niedrig. Da der Sauerstoffverbrauch der Tiere nicht gemessen wurde, besteht keine Möglichkeit, die energetisch ausgedrückte stoffliche Bilanz mit der energetischen Bilanz zu vergleichen, so daß mögliche systematische Fehler insbesondere in den Gaswechselgrößen nicht erkannt werden können.

Nach den vorliegenden Versuchsergebnissen wird das Erdnußöl zu 91%, die Stärke zu 84% und der Rohrzucker zu 72% verwertet. Nach den derzeitigen Kenntnissen über den Energiewechsel der Kohlenhydrate bei der Umbildung in Körperfett bei monogastrischen Tieren ist die Differenz zwischen der Verwertung von Stärke und Zucker nicht zu erklären. Die gemessene Verwertung der Stärke liegt höher, als es den theoretischen Erwartungen entspricht. Für die Verwertung des Proteins liegt jeweils nur ein Versuch mit Kleber und Fleischmehl vor. Der errechnete Nettoenergiewert für Kleber ist mit einer hohen Korrektur behaftet, so daß dieser Wert als sehr unsicher angesehen werden muß. Das gleiche gilt für den Versuch mit Strohstoff.

Es erschien uns daher notwendig, die Produktionswerte reiner Nährstoffe nochmals mit einer genügenden Anzahl von Paralleltieren unter Einbezug der Messung des Sauerstoffverbrauchs zu überprüfen. Zur Untersuchung gelangten *Erdnußöl, Weizenkleber, Dorschmehl, Kartoffelstärke* und *Saccharose.* Die Feststellung des Produktionswertes der Cellulose wurde vorerst zurückgestellt, da

Tabelle 2. *Der Energieumsatz reiner Nährstoffe beim Schwein nach Untersuchungen von* FINGERLING

Nährstoff	Anzahl der Einzelmeßwerte	Bruttoenergie in cal/g Nährstoff	verdl. Energie in cal/g Nährstoff	umsetzb. Energie in cal/g verd. Nährstoff	Ansatz in cal/g verd. Nährstoff	Verwertung in % der umsetzbaren Energie	Literaturangaben
Erdnußöl	7	9544	9284	9420	8582	91,1 ± 1,0	4, 5
Kleber	1	5485	5080	4581	3399	74,2	4
Fleischmehl	1	5738	5259	5094	3902	76,6	4
Stärke	5	4097	4001	4085	3411	83,5 ± 0,4	2, 4
Rohrzucker	6	3959	3860	3761	2693	71,6 ± 1,1	4, 6
Strohstoff	1	3855	3844	4015	2353	58,6	4
Holzzellmehl	1	4172	2669	4493	2581	57,4	3
Futtercellulose	1	4248	1952	4449	2442	54,9	3

Der Anteil des Proteinansatzes und der Korrekturen am Gesamtansatz

Nährstoff	Proteinansatz %	Lebendgewichtskorrektur %	Verdaulichkeitskorrektur %
Erdnußöl	4,5	— 2,4	(—0,6)
Kleber	9,9	62,7	7,6
Fleischmehl	17,2	9,3	0,7
Stärke	10,2	12,1	1,8
Rohrzucker	3,0	— 6,8	(0,4)
Strohstoff	22,7	92,3	—12,7
Holzzellmehl	5,0	—25,4	—
Futtercellulose	4,2	—28,4	—

die Versuche vornehmlich als Vorarbeit zur Klärung der Frage angelegt wurden, ob die Nettoenergiewerte reiner Nährstoffe die geeignete Basis für die Berechnung des Produktionswertes von Futterstoffen aus dem Gehalt an verdaulichen Nährstoffen bilden.

B. Eigene Versuche

Die Versuche zur Bestimmung des energetischen Produktionswertes reiner Nährstoffe wurden nach dem vollständigen Differenzverfahren der Anordnung Grundfutterperiode/Zulageperiode/Grundfutterperiode .... an 8 Börgen der Rasse „Deutsches Edelschwein" durchgeführt. Die Tiere kamen mit etwa 110 kg in die Versuche und hatten am Schluß der Versuchsreihe ein Lebendgewicht von ca. 200 kg. Der Umfang der durchgeführten Versuche ist der Übersicht in Tabelle 3 zu entnehmen:

Tabelle 3. *Anzahl der durchgeführten Versuche*

Grundfutter und Zulagen	Zahl der durchgeführten Versuche	Zahl der ausgeschalteten Versuche	Zahl der ausgewerteten Versuche
Grundfutter	48	6	42
Erdnußöl	8	—	8
Dorschmehl	4	—	4
Weizenkleber	4	—	4
Kartoffelstärke	16	2	14
Saccharose	8	—	8
insgesamt	88	8	80

I. Methodischer Teil

Da die Versuchsmethodik im wesentlichen die gleiche war wie in den früher [10] veröffentlichten Versuchen über die Verwertung der Futterenergie in Abhängigkeit vom Ernährungsniveau, wird im folgenden nur auf das zur Beurteilung der Arbeit Notwendige eingegangen.

1. Die Grundfutterrationen

Die Rationen wurden jeweils für eine Periode mit 8 Tieren nach dem ermittelten Trockensubstanzgehalt eingewogen. Die Höhe und Zusammensetzung der Grundfutterrationen ergibt sich aus Tabelle 4:

Tabelle 4. *Zusammensetzung der Grundfutterrationen*

Futtermittel		durchschnittliche Nährstoffzusammensetzung	
Gerstenschrot	1100 g	Organ. Substanz	95,1 %
Haferschrot	400 g	Rohprotein	16,3 %
Fischmehl	100 g	Rohfett	3,1 %
Sojaextraktionsschrot	100 g	Rohfaser	7,5 %
Mineralstoffmischung	20 g	NFE	68,2 %
		Kohlenstoff	45,3 %
		Energie	4491 cal/g

Die Zusammensetzung der Mineralstoffmischung war die gleiche wie in den Versuchsreihen II und III zum Proportionalitätsproblem [10].

In Tabelle 5 ist die Verdaulichkeit der Grundfutterrationen für die Einzeltiere zusammengestellt. Zur Beurteilung der individuellen Variation der Verdaulichkeit ist die Mittelwertstreuung der Verdauungskoeffizienten der organischen Substanz aufgeführt:

Tabelle 5. *Verdaulichkeit der Grundfutterrationen* (Angaben in %)

Tier	Organische Substanz	Roh-protein	Rohfett	Rohfaser	NFE	C	Q
13	80,8 ± 0,8	82,5	84,9	26,3	86,2	79,3	78,8
14	81,5 ± 0,9	83,3	85,2	29,5	86,6	80,0	79,5
15	80,7 ± 0,7	82,4	81,6	25,3	86,3	79,0	78,6
16	81,8 ± 0,7	83,4	84,7	30,8	86,8	80,3	79,8
17	80,8 ± 0,8	82,2	83,7	24,8	86,5	79,2	78,7
18	81,4 ± 0,7	82,3	84,2	28,5	86,8	79,9	79,3
19	81,9 ± 0,9	84,1	86,0	29,7	87,0	80,4	79,9
20	81,4 ± 0,9	83,4	82,2	27,0	86,8	79,9	79,3
Mittel	81,3 ± 0,2	83,0 ±0,2	84,1 ±0,5	27,7 ±0,8	86,6 ±0,1	79,8 ±0,2	79,2 ±0,2

Die Übereinstimmung in der Verdaulichkeit ist sowohl bei den Einzeltieren als auch zwischen den Tieren als gut zu bezeichnen. In den früheren Versuchen zum Proportionalitätsproblem [10] wurde die Verdaulichkeit der organischen Substanz für die aus den gleichen Futtermitteln zusammengestellte Ration mit 80,6% ermittelt. Daraus ergibt sich eine gute Reproduzierbarkeit der Verdauungswerte.

Wie aus unseren früheren Versuchen [10] abgeleitet wurde, können zwischen Einzeltieren erhebliche Differenzen im Erhaltungsstoffwechsel bestehen. Bei den hohen Lebendgewichtsänderungen in Versuchen mit Schweinen bei Anwendung des Differenzverfahrens ist es notwendig, den individuellen Mehrbedarf an Nettoenergie pro kg Gewichtszuwachs zur Festlegung der Größe der Lebendgewichtskorrektur abzuleiten. Dies ist durch korrelative Auswertung der Grundfutterperioden einer Versuchsreihe möglich, wie früher [10] bereits gezeigt wurde. In Tabelle 6 sind die errechneten Regressionsgleichungen, die den energetischen An-

Tabelle 6. *Der Energieumsatz in den Grundfutterperioden*

Tier	Brutto-Energie kcal/kg	verdaul. Energie kcal/kg	umsetzbare Energie kcal/kg	Regressionsgleichungen	Ansatz kcal
13	4491	3538 ± 36	3394 ± 30	$y = -8{,}37\,x + 2684$	1315 ± 61
14	4491	3571 ± 40	3428 ± 34	$y = -9{,}61\,x + 2722$	1176 ± 53
15	4491	3528 ± 35	3395 ± 31	$y = -7{,}52\,x + 2660$	1401 ± 59
16	4491	3585 ± 33	3433 ± 26	$y = -3{,}13\,x + 2044$	1552 ± 20
17	4491	3533 ± 41	3383 ± 32	$y = -4{,}34\,x + 2108$	1302 ± 54
18	4491	3562 ± 38	3415 ± 29	$y = -5{,}73\,x + 2080$	1128 ± 65
19	4491	3586 ± 47	3436 ± 38	$y = -4{,}92\,x + 2214$	1343 ± 47
20	4491	3562 ± 45	3415 ± 36	$y = -8{,}63\,x + 3183$	1702 ± 55

satz (y) der Grundfutterperioden in Abhängigkeit von der Höhe des Lebendgewichtes (x) wiedergeben, zusammengestellt. Der Regressionskoeffizient gibt den energetischen Mehrbedarf in kcal pro kg Gewichtszuwachs an. Zur Beurteilung der individuellen Variation des Energiewechsels sind in Tabelle 6 ferner Bruttoenergie, verdauliche und umsetzbare Energie pro kg Grundfutter sowie der auf den Gruppendurchschnitt des Lebendgewichtes sämtlicher Grundfutterperioden von 156 kg individuell korrigierte Ansatz aufgenommen.

Aus der Zusammenstellung des Energiewechsels der Grundfutterperioden ist zu entnehmen, daß die Übereinstimmung zwischen den Tieren bei der verdaulichen und umsetzbaren Energie gut ist und daß auch die Streuungen der Verdauungskoeffizienten und der umsetzbaren Energie der einzelnen Grundfutterperioden mit 0,8 bis 1,3% niedrig liegen. Der Anteil der umsetzbaren Energie an der verdaulichen errechnet sich zu 95,9% mit Schwankungen zwischen 95,8 bis 96,2%. Dagegen bestehen erhebliche individuelle Unterschiede im energetischen Mehrbedarf pro kg Gewichtszuwachs von 3—10 kcal sowie auch im mittleren energetischen Ansatz der Grundfutterperioden von 1180 bis 1700 kcal.

2. Die Zulagen

Erdnußöl, Kartoffelstärke und Zucker waren handelsübliche Produkte. Der Weizenkleber, dessen Eiweißgehalt mit 82% Rohprotein (in Tr.-Subst.) sehr hoch lag, wurde von dem VEB Stärkefabrik Kyritz bezogen. Für die Herstellung des Fischmehls wurde eine Anlandung Dorsch ausgeweidet und dann in der Fischmehlfabrik Rostock in einer gesonderten Charge in üblicher Weise zu Fischmehl verarbeitet. Die einzelnen Substanzen wurden ohne weitere Vorbehandlung verfüttert.

Hinsichtlich der Höhe der Zulagen muß erwähnt werden, daß die zunächst geplanten Gaben von 800 g Kartoffelstärke und 1000 g Fischmehl bzw. Weizenkleber in Vorversuchen von den Tieren nicht aufgenommen wurden. Es mußten die Gaben bei Stärke auf 500 g und bei den Eiweißfutterstoffen auf 700 g reduziert werden. Beim Rohrzucker wurden zwei Zulagehöhen von 600 g und 1000 g geplant, die von den Tieren auch ohne Schwierigkeiten aufgenommen wurden. Es sollte geprüft werden, ob bei dem leicht löslichen Zucker die Höhe der Gabe einen Einfluß auf den Energieumsatz ausübt. Eine Übersicht über die Höhe der zur Verfütterung gekommenen Zulagen der reinen Nährstoffe gibt Tabelle 7.

Tabelle 7. *Die Höhe der Zulagen*

Nährstoff	g Trocken-Substanz pro Tag	in % der Bruttoenergie des GF
Erdnußöl	400	49
Dorschmehl	700	52
Weizenkleber	700	46
Kartoffelstärke	500	27
Saccharose	600; 1000	31; 51

Mit Ausnahme der Stärke, die, bezogen auf den Energiegehalt, nur mit 27% zum Grundfutter zugelegt werden konnte, sind die Zulagen der anderen Nährstoffe mit ca. 50% der Bruttoenergie des Grundfutters beträchtlich. (Die von FINGERLING gewählten Zulagehöhen, die bei allen Nährstoffen erheblich niedriger liegen, sind aus Tabelle 1 ersichtlich.)

3. Versuchsauswertung und Korrekturen

Bei der Bilanzaufrechnung und der Berechnung der Wärmeproduktion kamen die gleichen Faktoren zur Anwendung, wie sie in der Veröffentlichung zum Proportionalitätsproblem [10] angegeben sind.

Mit Ausnahme von 3 Perioden wurde neben den zur Erfassung der N-, C- und Energiebilanz notwendigen Messungen auch der O_2-Verbrauch der Tiere bestimmt, wodurch die Möglichkeit der Bilanzkontrolle über das Gesetz der Erhaltung der Energie gegeben ist. Analog unseren früheren Untersuchungen an Schweinen [10] wurde auch in der Versuchsreihe mit reinen Nährstoffen eine systematische Verschiebung der Abweichungen zwischen der energetisch ausgedrückten stofflichen Bilanz und der energetischen Bilanz von 1,4% der Energie der Einnahmen gefunden. Letztere ergab jeweils die niedrigeren Werte. Diese systematische Abweichung war in den Grundfutterperioden die gleiche wie in den Zulageperioden. Die Erklärung für diese Abweichung dürfte darin liegen, daß in der Wahl der Faktoren bei der Berechnung der Wärmeproduktion aus den respiratorischen Daten davon ausgegangen wird, daß tierisches Eiweiß, Glykogen und tierisches Fett oxydiert werden. Diese Faktoren sind jedoch nicht exakt für die aus den Futtermitteln zur Resorption gelangenden Nährstoffgruppen gültig, so daß je nach der Zusammensetzung der Ration systematische Abweichungen zwischen den beiden Bilanzgrößen auftreten können, die aber im voraus wegen ungenügender Kenntnisse der detaillierten stofflichen Zusammensetzung der Rationen nicht berechnet werden können. Zur Beurteilung der Übereinstimmung zwischen energetischer und energetisch ausgedrückter stofflicher Bilanz erscheint es daher gerechtfertigt, die Verteilung der Abweichungen um die mittlere Abweichung zwischen den beiden Bilanzgrößen heranzuziehen. Die Gruppierung der Einzelversuche um die mittlere Abweichung war folgende:

Mittel der Abweichung	Verteilung der Abweichungen um den Mittelwert ± 0 – 1,0%	± 1,1 – 2,0%	〉 ± 2%
– 1,4	82	15	3% der Einzelversuche

Demnach liegen 82% aller Einzelversuche innerhalb des Streuungsbereichs von 0–1% um den Mittelwert, und nur 3% der Einzelversuche überschreiten den Streuungsbereich von 2%. Auf Grund des Bilanzvergleiches ergab sich keine Notwendigkeit, Einzelversuche auszuschalten. Bei der Auswertung der Versuche nach dem Differenzverfahren wurde als Energiebilanz die energetisch ausgedrückte stoffliche Bilanz gewählt.

Die Berechnung der verdaulichen und der umsetzbaren Energie sowie des Ansatzes der Zulagen erfolgte durch Differenzbildung gegen die beiden die Zulageperiode einschließenden Grundfutterperioden. Von den beiden Einzelwerten wurde der Mittelwert gebildet und als ein Meßwert behandelt. Bei der Auswertung wurden 6 Grundfutterperioden und 2 Zulageperioden mit Stärke ausgeschaltet. Die Aufrechnung der anliegenden Zulageperioden gegen die ausgeschalteten Grundfutterperioden ergab Extremwerte für die Verwertung der Zulagen, die über die 3-fache Streuung der Einzelwerte hinausgingen. Das gleiche gilt für die parallel durchgeführten beiden Zulageperioden mit Stärke. Bei Ausschaltung einer Grundfutterperiode wurde die Aufrechnung gegen die nächstliegende vorgenommen.

Bei der Auswertung der Versuche fanden 3 Korrekturen Anwendung und zwar
a) die Futterverzehrkorrektur
b) die Lebendgewichtskorrektur und
c) die Korrekturen für Verdauungsänderungen des Grundfutters.

Zu a) Durch die Einwaage der Futterrationen nach dem Trockensubstanzgehalt konnten die Futterverzehrkorrekturen sehr niedrig gehalten werden. Die Grundfuttereinnahme in den Zulageperioden wurde auf die Energieeinnahme der jeweiligen Grundfutterperiode korrigiert, wobei sich die Korrekturgröße für die umsetzbare Energie aus der zugehörigen Grundfutterperiode ergibt und für die Berechnung der Nettoenergie der Grundfutterverzehrdifferenz eine Verwertung der umsetzbaren Energie des Grundfutters von 70% eingesetzt wurde.

Zu b) Für die Korrektur der Ansatzdifferenz zwischen Zulage- und Grundfutterperiode auf gleiches Lebendgewicht wurden die in Tabelle 6 angegebenen Regressionskoeffizienten für die Einzeltiere verwendet.

Zu c) Da die Zulage von reinen Nährstoffen in vielen Fällen die Verdaulichkeit der anderen Nährstoffgruppen des Grundfutters beeinflußt, ist zur Ermittlung des energetischen Produktionswertes des zugelegten reinen Nährstoffs eine Korrektur dieser Verdauungsänderungen des Grundfutters erforderlich. Ferner müssen die in den zugelegten Substanzen enthaltenen Verunreinigungen zur Ermittlung der Produktionsleistung des jeweiligen Hauptnährstoffs vom gemessenen Energieumsatz abgesetzt werden. Dies gilt besonders für Dorschmehl und Weizenkleber, die ja nicht aus reinem Protein bestehen. Für die Korrektur des Energieumsatzes bei Änderungen der Verdaulichkeit des Grundfutters bzw. zur Berücksichtigung der Verunreinigungen wurde mit folgenden Werten gerechnet (Angaben in kcal/g Nährstoff):

Nährstoffgruppe	Bruttoenergie	verdaul. Energie	umsetzb. Energie	Nettoenergie
Rohprotein	5,6	5,6	4,3	2,6
Rohfett	9,5	9,5	9,5	7,5
Rohfaser	4,5	3,7	3,7	0,5
N-freie Extraktstoffe	4,1	4,1	4,1	3,5

Zur Beurteilung des Einflusses der einzelnen Korrekturen auf die Ansatzwerte der reinen Nährstoffe sind in Tabelle 8 die durchschnittlichen Korrekturgrößen sowie in Klammern der Schwankungsbereich in % des korrigierten Gesamtansatzes für die einzelnen Nährstoffe angegeben. Ferner ist in die Tabelle der durchschnittliche, aus der N-Bilanz errechnete kalorische Proteinansatz in % des korrigierten Gesamtansatzes aufgenommen.

Im Gegensatz zu den Kleintierversuchen [9], bei denen zum Teil beträchtliche Proteinansätze gefunden wurden, liegt der Anteil des kalorischen Proteinansatzes am Gesamtansatz mit durchschnittlich 3% niedrig und ist unabhängig von dem zugelegten Nährstoff. Die gemessenen Ansatzwerte entfallen demzufolge fast vollständig auf den Fettansatz.

Tabelle 8. *Der Anteil des Proteinansatzes und der Korrekturen am korrigierten Gesamtansatz in %*

Nährstoff	Proteinansatz	Futterverzehrkorrektur	Lebendgewichtskorrektur	Verdaulichkeitskorrektur
Erdnußöl	2,9 (−2,8 bis +7,3)	0,5 (0,1—2,7)	2,6 (0,6— 4,6)	2,1 (0,3— 6,4)
Dorschmehl / Weizenkleber	3,0 (—0,4 bis +8,7)	0,6 (0,3—2,2)	7,4 (2,2—20,7)	[19,4 (10,5—36,7)]
Kartoffelstärke	3,4 (−4,6 bis +8,1)	0,6 (0,3—3,5)	4,7 (0,4—10,2)	3,5 (1,5— 5,6)
Saccharose	3,3 (—0,1 bis +7,3)	0,7 (0,3—2,1)	3,9 (1,2—10,8)	2,3 (0,8— 3,3)

Die Futterverzehrkorrekturen beeinflussen den Ansatz nur unwesentlich. Mit Ausnahme der Proteinzulage liegen auch die Verdaulichkeitskorrekturen mit 2–4% des Ansatzes niedrig. Der hohe Wert bei der Proteinzulage von 19% ist hauptsächlich durch die Korrektur der in den verfütterten Substanzen enthaltenen Verunreinigungen (beim Dorschmehl im wesentlichen durch den Fettgehalt von 3,3%und beim Weizenkleber im wesentlichen durch den Gehalt an N-freien Extraktstoffen von 16,3%) bedingt. Mit Ausnahme der Verdaulichkeitskorrektur bei der Proteinzulage machen die Lebendgewichtskorrekturen den Hauptteil der Gesamtkorrektur aus. Die dadurch bedingte Unsicherheit der einzelnen Ansatzwerte ist jedoch nicht höher als maximal ± 2% einzuschätzen, da auf Grund der laufend wiederholten Grundfutterperioden die Möglichkeit der Berechnung individueller Korrekturgrößen gegeben war.

II. Experimenteller Teil

1. Chemische Zusammensetzung und Energiewerte der Zulagen

In Tabelle 9 sind die Analysendaten der untersuchten Nährstoffe zusammengestellt:

Tabelle 9. *Chemische Zusammensetzung und Energiewerte der Zulagen*

Nährstoff	Organ. Subst. %	Rohprotein %	Rohfett %	Rohfaser %	NFE %	C %	N %	Energie cal/g	korr. Energie in cal/g Nährstoff
Erdnußöl	100	—	100	—	—	75,87	—	9500	9500
Dorschmehl	87,90	83,00	3,28	—	(1,62)	45,44	13,28	5036	5610
Weizenkleber	99,04	81,74	0,55	0,49	16,26	52,27	13,08	5660	6017
Stärke 1,2	99,65	0,17	0,18	—	99,30	44,05	0,03	4136	4133
Stärke 1,5	99,68	0,22	0,26	—	99,20	44,08	0,03	4144	4141
Saccharose	100	—	—	—	100	42,14	—	3958	3958

In der letzten Spalte sind die Brennwerte der reinen Nährstoffe ohne Begleitstoffe angegeben. Für die Korrektur der Brennwerte wurden die auf S. 272 angegebenen Faktoren für die Bruttoenergie angewendet.

Die Reinheit der Stärke ist hoch und die Analysenwerte der Kohlenhydrate entsprechen innerhalb der analytischen Fehlergrenze den theoretischen Werten. Bei den Eiweißfuttermitteln ergibt sich in den korrigierten Brennwerten eine hohe Differenz. Der korrigierte Brennwert des Weizenkleberproteins liegt mit 6017 cal/g sehr hoch. Die Analysenwerte für Weizenkleber sind durch eine Reihe von Wiederholungsanalysen belegt.

2. Die Verdaulichkeit der reinen Nährstoffe

In Tabelle 10 sind die zur Beurteilung der Verdaulichkeit der reinen Nährstoffe notwendigen Angaben zusammengestellt:

Tabelle 10. *a) Die Verdaulichkeit der reinen Nährstoffe*

Nährstoff	Anzahl der Versuche	Organ. Subst. %	zugelegte Nährstoffgruppe %	Kohlenstoff %	Energie %	Energie der verd. Nährstoffe in % der Bruttoenergie
Erdnußöl	8	92,1 ± 1,9	97,2 ± 0,1	93,0 ± 1,3	93,6 ± 1,1	98,6
Dorschmehl	4	92,5 ± 1,6	96,8 ± 0,5	92,1 ± 1,8	93,0 ± 1,4	98,2
Weizenkleber	4	95,6 ± 0,5	98,8 ± 0,0	96,2 ± 0,3	96,0 ± 0,4	100,1
Stärke	14	93,2 ± 0,8	97,5 ± 0,5	91,7 ± 1,1	91,2 ± 1,3	99,1
Saccharose	8	96,6 ± 1,0	98,3 ± 0,5	95,8 ± 1,2	95,0 ± 1,2	98,4

b) Die Verdauungsänderungen des Grundfutters, bedingt durch die Zulage der reinen Nährstoffe (mit Angabe des Schwankungsbereiches)

Nährstoff	Anzahl der Versuche	Rohprotein g/Tag	Rohfett g/Tag	Rohfaser g/Tag	NFE g/Tag
Erdnußöl	8	+ 0,1 (− 4,6 bis + 13,9)	—	− 10,8 (− 30,6 bis + 13,9)	− 10,1 (− 31,8 bis + 11,0)
Dorschmehl	4	—	[+ 22,6 (+ 19,2 bis + 24,8)]	+ 1,4 (− 12,1 bis + 14,4)	− 16,1 (− 25,8 bis − 7,2)
Weizenkleber	4	—	− 1,0 (3,1 bis + 1,1)	− 3,7 (− 11,2 bis + 8,6)	[+ 103,2 (95,5 bis + 114,4)]
Stärke	14	− 11,7 (− 21,2 bis − 0,8)	[+ 0,6 (− 3,6 bis + 5,8)	− 7,9 (− 18,4 bis + 3,8)	—
Saccharose	8	− 8,1 (− 17,7 bis + 3,7)	− 2,5 (− 6.1 bis + 2,1)	+ 6,8 (− 14,3 bis + 27,9)	—

Die zugelegten Nährstoffe sind mit 97–99% fast vollständig verdaulich. Die Übereinstimmung der Verdauungskoeffizienten mit den früheren Untersuchungen (s. Tab. 1) ist gut.

In der letzten Spalte des Teiles a der Tabelle 10 sind die Energiewerte der verdauten Nährstoffe in % der Bruttoenergie der reinen Nährstoffe zusammengestellt. Theoretisch müßte die Energie des verdauten Nährstoffs mit dem Brennwert des Nährstoffs übereinstimmen, da eine selektive Resorption nicht erwartet werden kann. Die gefundenen Abweichungen von maximal 1,6% liegen innerhalb der Fehlergrenze der Bestimmung der stofflichen Verdaulichkeit und der energetischen Verdaulichkeit. Als Bezugsgröße des Energieumsatzes werden im Folgenden die bzgl. der Verunreinigungen korrigierten Bruttobrennwerte der reinen Nährstoffe verwendet.

Die Verdaulichkeit der organischen Substanz (analog dazu die des Kohlenstoffs und der Energie) liegt in allen Fällen niedriger als die der zugelegten Nährstoffgruppe. Dies ist durch die im Teil b) der Tabelle zusammengestellten Verdauungsänderungen der anderen Nährstoffgruppen des Grundfutters bedingt. Bei der Erdnußölzulage ist die Verdaulichkeit der Rohfaser und der N-freien Extraktstoffe des Grundfutters erniedrigt, während durch die Kohlenhydratzulage hauptsächlich eine Erniedrigung der Proteinverdaulichkeit des Grundfutters bewirkt wird. Die in eckige Klammern gesetzten Werte bei den Proteinzulagen (Rohfett bei Dorschmehl und NFE bei Weizenkleber) ergeben sich im wesentlichen aus den in den verfütterten Substanzen enthaltenen Verunreinigungen. Insgesamt gesehen halten sich die Verdauungsänderungen bei den relativ zum Grundfutter hohen Zulagen (s. Tab. 7) in engen Grenzen. Die Schwankungsbreite der Verdauungsänderungen ist insbesondere bei der Rohfaser und teilweise bei den N-freien Extraktstoffen nicht unerheblich. Dies dürfte zum Teil auf Analysenfehler zurückzuführen sein, da der Rohfaserbestimmung in der WEENDER Futtermittelanalyse der höchste Analysenfehler zukommt.

Die Übereinstimmung der Verdauungskoeffizienten der zugelegten Nährstoffgruppen ist, ersichtlich aus den niedrigen Streuungen, als gut zu bezeichnen. Bei der Verdaulichkeit der organischen Substanz, des Kohlenstoffs und der Energie sind die Streuungen, bedingt durch unterschiedliche Verdauungsänderungen des Grundfutters, erhöht. Die Verdauungskoeffizienten für organische Substanz, Kohlenstoff und Energie stimmen bei den einzelnen Zulagen gut überein.

3. Der Einfluß der Zulagen auf die Harnausscheidungen

Zur Prüfung des Einflusses der Zulagen auf die Harnausscheidungen wurden für Kohlenstoff, Stickstoff und Energie die Differenzen zwischen den Ausscheidungen in den Zulageperioden zu den dazugehörigen Grundfutterperioden berechnet, die im Mittel für die einzelnen Zulagen in Tabelle 11 zusammengestellt sind. Als Vergleichsgrundlage ist die mittlere Ausscheidung an C, N und Energie in den Grundfutterperioden mit angegeben.

Bei der Zulage der N-freien Nährstoffe ist die N-Ausscheidung im Harn vermindert. Es erfolgt also eine Verbesserung der Stickstoffverwertung des Grundfutters. Dies läßt sich bereits aus Tabelle 8 ableiten, aus der sich ergibt, daß etwa 3% des kalorischen Ansatzes bei den Zulagen der N-freien Nährstoffe auf Proteinansatz entfällt. Die Beeinflussung der C- und Energieausscheidungen durch Erdnußöl und Stärke ist nur geringfügig und liegt innerhalb der Fehlergrenze. Durch die Zuckerzulage von 1000 g ist die C-Ausscheidung im Harn durchschnittlich um 4,7 g erhöht; der negative Wert bei der energetischen Ausscheidung ist nur so zu erklären, daß bei der Auftrocknung des Harnes auf die

Celluloseblöcke zur kalorimetrischen Bestimmung ein nicht erfaßter Substanzverlust (Gärung ?) aufgetreten ist, der größenordnungsmäßig 1% der verdaulichen Energie der Zulage beträgt.

Tabelle 11. *Differenzen der Harnausscheidung an C, N und Energie zwischen Grundfutter- und Zulageperioden sowie die mittleren Ausscheidungen in den Grundfutterperioden*

Nährstoff	Höhe der Zulage g/Tag	C g/Tag	N g/Tag	kcal/Tag
Erdnußöl	400	+ 1,1	— 2,7	— 7
Dorschmehl } Weizenkleber }	700	+ 39,6	+ 88,8	+ 531
Stärke	500	— 1,0	— 3,7	— 7
Saccharose	600	+ 1,4	— 4,8	+ 11
Saccharose	1000	+ 4,7	— 5,7	(— 39)
Grundfutter		22,7	30,9	244

Die Zulage an Dorschmehl und Weizenkleber hat die Ausscheidungen im Harn erheblich vermehrt und zwar relativ zu den Harnausscheidungen im Grundfutter am stärksten beim Stickstoff; es folgen die energetischen Mehrausscheidungen und dann erst die Mehrausscheidungen an Kohlenstoff. Dies steht in Übereinstimmung mit den Versuchen an Kaninchen und Ratten [9]. Die im Harn pro g N der Proteinzulage ausgeschiedene Energie errechnet sich zu 5,98 kcal. Dieser Wert stimmt fast vollständig mit dem bei den analogen Rattenversuchen ermittelten von 6,04 kcal überein. Da der kalorische Wert des Harnstoffs pro g N 5,42 kcal beträgt, ergibt sich, daß der überwiegende Teil der Ausscheidung im Harn bei Proteinzulage auf Harnstoff entfällt.

4. *Die Verwertung der reinen Nährstoffe*

4.1 Die Verwertung des Erdnußöls

In Tabelle 12 sind die bei den einzelnen Tieren gemessenen Werte des Energieumsatzes für das Erdnußöl zusammengestellt.

Die energetische Verdaulichkeit des Erdnußöls beträgt im Mittel 95,8%. Die Differenz zwischen der verdaulichen und der umsetzbaren Energie von 1,2% liegt innerhalb der Fehlergrenze der Bestimmung, so daß beide gleichzusetzen sind. Die Verwertung der umsetzbaren Energie wurde zu 85,9% ermittelt, wobei der Wert mit 98,5% gesichert ist. Die gleiche Sicherung weist auch der energetische Ansatz des verdauten Erdnußöls auf.

Vergleicht man die erhaltenen Ergebnisse mit denen von FINGERLING (Tabelle 2), der die Verwertung des Erdnußöls zu 91,1% und den energetischen Ansatz pro g verdautem Nährstoff zu 8582 cal ermittelte, so ergibt sich eine nicht unwesentliche Differenz. Es erhebt sich daher die Frage nach den Ursachen

Tabelle 12. *Der Energieumsatz des Erdnußöls*

Tier	Bruttoenergie in cal/g Nährstoff	verdaul. Energie in cal/g Nährstoff	verdaul. Energie in % der Bruttoenergie	umsetzb. Energie in cal/g verd. Nährstoff	umsetzb. Energie in % d. Energie d. verd. Nährstoffs	Ansatz in cal/g verd. Nährstoff	Verwertung in % d. umsetzb. Energie
13	9500	9062	95,4	9342	98,3	7856	84,1
14	9500	9070	95,5	9478	99,8	8587	90,6
15	9500	9029	95,0	9301	97,9	8243	88,6
16	9500	8981	94,5	9390	98,8	7722	82,2
17	9500	9204	96,9	9576	100,8	8074	84,3
18	9500	8893	93,6	9244	97,3	7713	83,4
19	9500	9345	98,4	9419	99,1	7839	83,2
20	9500	9199	96,8	9361	98,5	8507	90,9
Mittel	9500	9098	95,8	9389	98,8	8068	85,9
		± 51	± 0,5	± 37	± 0,4	± 122	± 1,3

dieser Differenz. FINGERLING wählte als Zulagenhöhe 180 g Erdnußöl; demgegenüber wurde in den eigenen Versuchen 400 g Erdnußöl zugelegt, um eine möglichst hohe Ansatzdifferenz zwischen Grundfutter- und Zulageperiode zu erreichen. A priori könnte man annehmen, daß die unterschiedliche Verwertungshöhe durch die Höhe der Zulage bedingt ist. Dem widersprechen jedoch die umfangreichen Untersuchungen von NEHRING, SCHIEMANN, HOFFMANN und KLIPPEL [10] zum Proportionalitätsproblem, aus denen sich ergab, daß unabhängig von der Höhe der Zulage die Verwertung der umsetzbaren Energie innerhalb der biologischen Streubreite solcher Versuche konstant ist. Bei kleinen Ansatzdifferenzen zwischen Zulage- und Grundfutterperioden wirken sich sämtliche Fehler wesentlich stärker aus als bei hohen Ansatzdifferenzen. Es darf daher vermutet werden, daß bei den Versuchen von FINGERLING nicht erkannte systematische Fehler die Meßwerte verschoben haben, zumal FINGERLING nicht die Möglichkeit hatte, die stofflich ausgedrückte energetische Bilanz durch die energetische Bilanz zu kontrollieren, da die Messung des Sauerstoffverbrauchs der Tiere nicht durchgeführt werden konnte.

4.2 Die Verwertung des Proteins

Zur Bestimmung des Energieumsatzes des Proteins wurde an je 4 Tiere Dorschmehl und Weizenkleber als Zulage verabreicht. Die erhaltenen Werte des energetischen Umsatzes des Dorschmehlproteins und des Weizenkleberproteins sind in Tabelle 13 zusammengestellt.

Wie erwähnt, liegt der Brennwert des Weizenkleberproteins mit 6017 cal/g sehr hoch. Die energetische Verdaulichkeit des Dorschmehlproteins wurde um 4% niedriger gefunden als die des Kleberproteins. Die umsetzbare Energie pro g verdautem Protein ist beim Weizenkleberprotein ebenfalls höher als beim Dorschmehlprotein. Bei der Berechnung der Verwertung der Proteine wurden der Ansatzwert und der Verwertungskoeffizient bei Tier 20 ausgeschaltet, da die Werte

Tabelle 13. *Der Energieumsatz von Dorschmehl- und Weizenkleberprotein*

Tier	Bruttoenergie in cal/g Nährstoff	verdaul. Energie in cal/g Nährstoff	verdaul. Energie in % der Bruttoenergie	umsetzb. Energie in cal/g verd. Nährstoff	umsetzb. Energie in % d. Energie d. verd. Nährstoffe	Ansatz in cal/g verd. Nährstoff	Verwertung in % d. umsetzb. Energie
			a) Dorschmehlprotein				
13	5610	5276	94,0	4565	81,4	3276	71,8
14	5610	5271	94,0	4623	82,4	3016	65,2
15	5610	5321	94,8	4546	81,0	3020	66,4
16	5610	5470	97,5	4644	82,8	2716	58,5
Mittel:	5610	5335	95,1	4595	81,9	**3007**	**65,5**
		± 47	± 0,8	± 23	± 0,4	± 114	± 2,7
			b) Weizenkleberprotein				
17	6017	5975	99,3	5206	86,5	2872	55,2
18	6017	5893	97,9	5068	84,2	2931	57,8
19	6017	5957	99,0	5067	84,2	3264	64,4
20	6017	5977	99,3	5059	84,1	(3928)	(77,6)
Mittel:	6017	5951	98,9	5100	84,8	**3022**	**59,1**
		± 20	± 0,3	± 1,35	± 0,6	± 122	± 2,7

extrem von den Ergebnissen der Paralleltiere abweichen. Unter Ausschaltung des Tieres 20 errechnet sich für den Ansatz pro g verdautem Nährstoff für beide Proteine praktisch der gleiche Wert. Demgegenüber ergibt sich bei den Verwertungskoeffizienten der umsetzbaren Energie eine größere Differenz zwischen den beiden Proteinen; die Verwertung liegt beim Kleberprotein um rund 10% niedriger als beim Dorschmehlprotein. Diese Differenz ist jedoch statistisch nicht gesichert, so daß nach dem vorliegenden Versuchsmaterial mit einer mittleren Verwertung der umsetzbaren Energie des Proteins von 62% und einem Ansatzwert pro g verdautem Protein von rund 3000 cal bei Schweinen gerechnet werden kann. FINGERLING (s. Tab. 2) bestimmte den Energieumsatz von Weizenkleber und Fleischmehl mit einer Zulagenhöhe von 240 bzw. 260 g jeweils nur an einem Tier. Es lag bei diesen Versuchen die Verwertung mit 84,2 bzw. 76,6% wesentlich höher. Der Ansatzwert des Kleberproteins ist mit einer sehr hohen Korrektur von 62% behaftet, und beim Versuch mit Fleischmehl liegt der Proteinansatz mit 17,2% der Energie des Gesamtansatzes verhältnismäßig hoch. Die von FINGERLING ermittelten Ansatzwerte sind daher nicht verallgemeinerungsfähig.

4.3 Die Verwertung der Stärke

Der Energieumsatz der Kartoffelstärke wurde in zwei Zulageperioden an den gleichen Tieren bestimmt. Die erste Zulageperiode wurde im Mai 1959 und die zweite im Januar 1960 durchgeführt. Hierdurch sollte ermittelt werden, ob die

Werte für den Energieumsatz reproduzierbar sind und ob sich individuelle Differenzen in der Verwertungshöhe ergeben. Der statistische Vergleich der Ergebnisse der beiden Zulageperioden ergibt keine signifikanten Differenzen, so daß im folgenden eine geschlossene Darstellung der beiden Versuchsperioden erfolgt. Die Einzelwerte des Energieumsatzes, die in Tabelle 14 zusammengestellt sind, sind nach den Versuchstieren geordnet, um direkt vergleichen zu können, ob individuelle Unterschiede bestehen.

Tabelle 14. *Der Energieumsatz der Stärke*

Tier	Bruttoenergie in cal/g Nährstoff	verdaul. Energie in cal/g Nährstoff	verdaul. Energie in % der Bruttoenergie	umsetzb. Energie in cal/g verd. Nährstoff	umsetzb. Energie in % d. Energie d. verd. Nährstoffs	Ansatz in cal/g verd. Nährstoff	Verwertung in % d. umsetzb. Energie
13	4133	3794	91,8	3887	94,0	3062	78,8
	4141	4073	98,4	4046	97,7	2889	71,4
14	4133	3946	95,6	4037	97,7	3174	78,6
15	4133	3901	94,4	4023	97,3	3047	75,7
	4141	4296	103,7	4185	101,1	2900	69,3
16	4133	3671	88,8	3917	94,8	3026	77,3
	4141	4090	98,8	4184	101,0	3351	80,1
17	4133	4032	97,6	4140	100,2	2587	62,5
	4141	3994	96,5	4098	99,0	3092	75,5
18	4136	4065	98,3	4143	100,2	3508	84,7
19	4136	3957	95,7	4107	99,3	3436	83,7
	4141	4074	98,4	4107	99,2	2874	70,0
20	4133	4022	97,3	4032	97,6	3130	77,6
	4141	4026	97,2	4128	99,7	3083	74,7
Mittel:	4137	3996	96,6	4074	98,5	3083	75,7
		± 39	± 0,9	± 24	± 0,6	± 66	± 1,6

Der Vergleich der individuellen Einzelwerte ergibt, daß die Streuung zwischen den Tieren in gleicher Höhe wie bei den Einzeltieren liegt. Signifikante individuelle Differenzen sind im Verwertungsvermögen der Stärke nicht nachweisbar.

Die energetische Verdaulichkeit der Stärke beträgt im Mittel 96,6%. Die Differenz zwischen der Energie des verdauten Nährstoffs und der umsetzbaren Energie ergibt sich zu 1,5%; sie liegt innerhalb der Fehlergrenze derartiger Bestimmungen, so daß die umsetzbare und verdauliche Energie der Stärke beim Schwein praktisch gleichgesetzt werden können. Die Verwertung der umsetzbaren Energie wurde im Mittel zu 75,7% bestimmt. Die Sicherung des Mittelwertes beträgt 97,9%. Die gleiche Sicherung weist auch der energetische Ansatzwert der Stärke auf, der sich im Mittel zu 3083 cal/g verdauter Stärke ergibt.

FINGERLING (s. Tab. 2) fand demgegenüber im Mittel von 5 Versuchen einen Ansatzwert von 3411 cal/g verdaulicher Stärke bei einer Verwertung der umsetzbaren Energie von 83,5%. Nach den Berechnungen von SCHIEMANN [11] über die maximal mögliche Verwertungshöhe bei der Umwandlung von Kohlenhydraten in Körperfett bei monogastrischen Tierarten ergab sich ein Verwertungskoeffizient von 82%. Eine maximale Verwertung setzt voraus, daß eine vollständige Kopplung zwischen Atmungskette und oxydativer Phosphorylierung vorliegt. Eine solche optimale Kopplung erscheint jedoch zumindest bei einer größeren Tierzahl und über längere Zeitabschnitte unwahrscheinlich, so daß die theoretische Erwartung der Verwertungshöhe der Kohlenhydrate zwischen 70 und 80% liegt. Der in den eigenen Versuchen ermittelte Wert der Verwertungshöhe entspricht der theoretischen Erwartung.

4.4 Die Verwertung der Saccharose

In der Zulageperiode mit Saccharose wurde die Höhe der Zulage bei 4 Tieren (13–16) mit 600 g und bei 4 Tieren (17–20) mit 1000 g bemessen. Die unterschiedliche Zulagenhöhe wurde gewählt, um zu prüfen, ob in der Größe der Verwertung eine Abhängigkeit von der Höhe der Zuckergabe besteht. FINGERLING (s. Tab. 2) bestimmte für die Verwertung der Saccharose einen um 14% niedrigeren Wert als für die Verwertung der Stärke. Dies steht in Widerspruch zu den heutigen Kenntnissen über den Intermediärstoffwechsel der Kohlenhydrate und legte die Vermutung nahe, daß bei der leichten Löslichkeit der Saccharose eine sehr schnelle Invertierung und eine sehr schnelle Resorption der Hexosen erfolgt und der Organismus möglicherweise nicht in der Lage ist, die resorbierten Monosaccharide mit der gleichen Ökonomie in Körperfett umzuwandeln wie die langsamer aus der Stärke freigesetzte Glucose. Besteht diese Vermutung zu Recht, so müßte mit Steigerung der Zuckergabe die Verwertung zurückgehen. Wie aus Tabelle 15, in der die Werte des Energieumsatzes der Saccharose zusammengestellt sind, entnommen werden kann, ist zwischen der Zulagenhöhe von 600 g und 1000 g Saccharose eine Verwertungsdifferenz entsprechend der dargelegten Hypothese angedeutet. Die statistische Prüfung ergibt jedoch keine Signifikanz der Differenzen, so daß die Mittelwertbildung über sämtliche 8 Versuche vorgenommen wurde.

Die energetische Verdaulichkeit der Saccharose beträgt im Mittel 96,7%. Die umsetzbare Energie pro g verdautem Nährstoff wurde bei der 1000 g-Zulage höher bestimmt als bei der 600 g-Zulage. Im Gegensatz dazu sind die Mehrausscheidungen an Kohlenstoff (s. Tab. 11) bei der 1000 g-Zulage höher als bei der 600 g-Zulage, so daß die umsetzbare Energie bei der höheren Zulage niedriger liegen müßte. Auf diese Diskrepanz wurde bereits bei der Besprechung des Einflusses der Zulagen auf die Harnausscheidungen hingewiesen, die nur so erklärt werden kann, daß bei der Bestimmung der Harnenergie nicht erkannte Verluste an organischer Substanz (Gärung ?) aufgetreten sind. Demzufolge dürften die Werte für die umsetzbare Energie bei der 1000 g-Zulage absolut um 30–50 cal/g zu hoch bestimmt sein.

Die Höhe der Verwertung der Saccharose ist der der Stärke gleich. Dies steht in Einklang mit den Vorstellungen über den Intermediärstoffwechsel der Kohlenhydrate. Der energetische Ansatz von 2901 cal/g verdautem Zucker liegt um 5,9% niedriger als der der Stärke, bedingt durch den niedrigeren Brennwert der Saccharose.

Tabelle 15. *Der Energieumsatz der Saccharose*

Tier	Bruttoenergie in cal/g Nährstoff	verdaul. Energie in cal/g Nährstoff	verdaul. Energie in % der Bruttoenergie	umsetzb. Energie in cal/g verd. Nährstoffs	umsetzb. Energie in % d. Energie d. verd. Nährstoffs	Ansatz in cal/g verd. Nährstoff	Verwertung in % d. umsetzb. Energie	
				Zulagenhöhe: 600 g				
13	3958	3768	95,2	3847	97,2	3054	79,4	77,6 ± 2,8
14	3958	3715	93,9	3790	95,8	2953	77,9	
15	3958	3881	98,1	3872	97,8	2724	70,4	
16	3958	3889	98,3	3876	97,9	3206	82,7	
				Zulagenhöhe: 1000 g				
17	3958	3878	98,0	3928	99,2	2928	74,5	71,1 ± 1,2
18	3958	3802	96.1	3900	98,5	2695	69,1	
19	3958	3800	96,0	3993	100,9	2907	72,8	
20	3958	3868	97,7	3903	98,6	2740	70,2	
Mittel:	3958	3825 ± 23	96,7 ± 0,6	3889 ± 21	98,2 ± 0,5	2901 ± 63	74,6 ± 1,8	

Insgesamt gesehen werden die Kohlenhydrate signifikant niedriger als das Erdnußöl und signifikant höher als die Proteine verwertet.

Von besonderem Interesse erscheint ein Vergleich der bei Schweinen ermittelten Verwertung der reinen Nährstoffe mit der bei Ratten [9] bestimmten. In Tabelle 16 sind die Ansatzwerte pro g verdautem Nährstoff und die Verwertungskoeffizienten der umsetzbaren Energie für beide Tierarten zusammengestellt:

Tabelle 16. *Vergleichende Zusammenstellung der Verwertung der reinen Nährstoffe bei Schwein und Ratte*

Nährstoff	Schweine		Ratten	
	Ansatz in cal/g verd. Nährstoff	Verwertung in % der umsetzb. Energie	Ansatz in cal/g verd. Nährstoff	Verwertung in % der umsetzb. Energie
Erdnußöl	8068 ± 122	85,9 ± 1,7	8015 ± 146	83,1 ± 1,5
Dorschmehlprotein	3007 ± 114	65,5 ± 2,7	3194 ± 78	63,6 ± 1,7
Kartoffelstärke	3083 ± 66	75,7 ± 1,6	3081 ± 49	75,5 ± 1,2
Saccharose	2901 ± 63	74,6 ± 1,8	2924 ± 58	73,3 ± 1,6

Aus der Zusammenstellung ist zu entnehmen, daß das Verwertungsvermögen für die Umbildung der reinen Nährstoffe in Körperfett bei Schwein und Ratte gleich ist. Die geringen Abweichungen liegen innerhalb der Fehlergrenze. (Der höhere Ansatzwert des Dorschmehlproteins bei der Ratte ist durch einen höheren Proteinansatz bedingt.) Diese Gleichartigkeit im Verwertungsvermögen der reinen Nährstoffe bei beiden Tierarten wirft die Frage auf, ob auch bei den Futterstoffen die bei Ratten gemessenen Nettoenergiewerte mit den bei Schweinen gemessenen übereinstimmen. Entsprechende Untersuchungen sind eingeleitet. Erstreckt sich diese Übereinstimmung auch auf typische Vertreter der verschiedenen Futtermittelgruppen, so wird eine Übertragbarkeit der bei Ratten gemessenen Werte auf die Schweine ermöglicht. Dadurch könnte der Arbeitsaufwand für die Nettoenergiemessung der Futterstoffe beim Schwein erheblich reduziert werden.

Weiterhin sei darauf hingewiesen, daß die bei Schwein und Ratte bestimmten Verwertungsgrößen der einzelnen Nährstoffgruppen in guter Übereinstimmung mit den derzeitigen Vorstellungen [11] über die intermediäre Umbildung der einzelnen Hauptnährstoffe in Körperfett stehen.

C. Zusammenfassung

Als Beitrag für den Ausbau und die Festigung der Lehre OSKAR KELLNERs wurden in Gesamtstoffwechselversuchen die Fettproduktionswerte der reinen Nährstoffe Erdnußöl, Dorschmehlprotein, Weizenkleberprotein, Kartoffelstärke und Saccharose bei Schweinen (88 Einzelversuche) gemessen. Die wichtigsten Ergebnisse sind folgende:

1. Zwischen den Einzeltieren bestehen im Erhaltungsstoffwechsel signifikante Differenzen. Zur korrelativen Berechnung des individuellen energetischen Mehrbedarfs je kg Lebendgewichtszuwachs sind in eine Versuchsreihe wenigstens 4 Grundfutterperioden einzuschalten.

2. Im „Fettstoffwechsel" ergeben sich aus dem vorliegenden Versuchsmaterial keine signifikanten individuellen Unterschiede.

3. Folgende mittlere Ansatzwerte und Verwertungskoeffizienten wurden erhalten:

Nährstoff	Ansatz in cal/g verd. Nährstoff	Verwertungs-koeffizient
Erdnußöl	8068 ± 122	85,9 ± 1,3
Dorschmehlprotein	3007 ± 114	65,5 ± 2,7
Weizenkleberprotein . . .	3022 ± 122	59,1 ± 2,7
Kartoffelstärke	3083 ± 66	75,7 ± 1,6
Saccharose	2901 ± 63	74,6 ± 1,8

4. Erdnußöl wird hochsignifikant höher und die Proteine werden signifikant niedriger verwertet als die geprüften Kohlenhydrate Stärke und Zucker, die in der Verwertungshöhe übereinstimmen.

5. Die Tierarten Schwein und Ratte haben für die geprüften Nährstoffe den gleichen Energieumsatz, wobei die Verwertungshöhen in Übereinstimmung mit den derzeitigen Kenntnissen über die intermediäre Umbildung der Nährstoffe in Körperfett stehen.

D. Literaturverzeichnis

[1] BREIREM, K., M. HUSBY, K. PRESTBEGG und T. HOMB: Zellulose als Futter für Schweine. Z. Tierphysiol., Tierernähr. und Futtermittelkunde 1958, **13**, 129.

[2] FINGERLING, G.: Untersuchungen über den Stoff- und Energieumsatz wachsender Schweine. Die Landw. Vers.-Stat. 1932, **113**, 273.

[3] FINGERLING, G.: Ergebnisse der Versuche zur Ermittlung des Nährwertes des Herbst'schen Holzzellmehles bei Schweinen. Arch. f. Tierernähr. 1951, **1**, 22.

[4] FINGERLING, G., A. KÖHLER und F. REINHARDT: Untersuchungen über den Stoff- und Energieumsatz wachsender Schweine. Die Landw. Vers.-Stat. 1914, **84**, 149.

[5] FINGERLING, G., P. EISENKOLBE, B. HIENTSCH, M. JUST und G. KNAUT: Untersuchungen über den Stoff- und Energieumsatz wachsender Schweine. Z. Tierernähr. Futtermittelkunde 1938, **1**, 183.

[6] FINGERLING, G., P. EISENKOLBE, B. HIENTSCH, M. JUST und G. KNAUT: Untersuchungen über den Stoff- und Energieumsatz wachsender Schweine. Z. Tierernähr. Futtermittelkunde 1943, **6**, 196.

[7] FRANKE, E.-R.: Der Einfluß reiner Nährstoffe auf die Verdaulichkeit der Futterration. 2. Mitt. Der Einfluß von Kleber und Öl. Wiss. Abh. DAL 1958, **37**, 101.

[8] NEHRING, K. und E.-R. FRANKE: Der Einfluß reiner Nährstoffe auf die Verdaulichkeit der Futterration. 1. Mitt. Der Einfluß der Stärke. Arch. f. Tierernähr. 1957, **7**, 104.

[9] NEHRING, K., W. JENTSCH und R. SCHIEMANN: Die Verwertung reiner Nährstoffe. 1. Mitt. Versuche mit Kaninchen und Ratten. Arch. f. Tierernähr. (im Druck).

[10] NEHRING, K., R. SCHIEMANN, L. HOFFMANN und W. KLIPPEL: Die Verwertung der Futterenergie in Abhängigkeit vom Ernährungsniveau. 2. Mitt. Versuche mit Schweinen. Arch. f. Tierernähr. 1960, **10**, 275.

[11] SCHIEMANN, R.: Betrachtungen über den intermediären Energiestoffwechsel im Hinblick auf die Durchführung von Gesamtstoffwechselversuchen. Wiss. Abh. DAL 1958, **37**, 65.

Eingegangen am 9. 1. 1961

Aus dem Institut für Tierernährung der Martin-Luther-Universität Halle-Wittenberg
(ehem. Dir.: Prof. Dr. A. COLUMBUS †)

W. HARNISCH und *J. ROJAHN*

Die Verdaulichkeit von Rohprotein und einigen Aminosäuren nach Versuchen an Schweinen mit Nackt- und Spelzgerste bei verschiedenen Mahlungsgraden

Im Gegensatz zur Spelzgerste besitzt die Nacktgerste einen höheren Nährwert, da sich durch Wegfall der Spelzen im Rohnährstoffgehalt der Rohfaseranteil vermindert und der Gehalt an Rohprotein sowie N-freien Extraktstoffen erhöht [1, 4]. Beim Einsatz derselben als Grundfutter in der Schweinefütterung kommt neben dem Gehalt an Gesamtnährstoff dem Rohproteingehalt und der biologischen Wertigkeit (BW) des Gerstenproteins Bedeutung zu [1, 6].

Die biologische Wertigkeit (BW) des Futterproteins wird durch den Aminosäure(AS)-Gehalt beeinflußt. Da die geprüfte, nacktkörnige Gerstensorte eine Gaterslebener *nudoides*-Mutante der Sorte „Haisa", Linie Mut. 4129 [9, 10] darstellt, und sich hinsichtlich der Ausgangssorte („Heines Haisa") nur bezüglich des Merkmals der Nacktkörnigkeit, nämlich durch Lösung der Spelzen von der Karyopse unterscheidet, ist eine wesentliche Verschiebung im AS-Gehalt des Kornes und somit der BW des Proteins beider Formen kaum zu vermuten.

Die tierexperimentellen Untersuchungen zur Prüfung der BW im N-Bilanz-Verfahren nach Thomas-Mitchell ließen wiederum die Problematik der BW-Prüfung zur Vergleichbarkeit der Proteine zweier Futtermittel erkennen, worauf von COLUMBUS [1] anhand der Versuche mit wachsenden Labortieren hingewiesen werden konnte. Die BW-Resultate werden durch die Höhe der absoluten Proteingabe als auch durch den Proteingehalt in der Probefuttermischung beeinflußt, wobei Probefutteraufnahme und die Ergänzungsbeigaben an N-freiem Futter Veränderungen bewirken können. So liegen die von COLUMBUS [1] gefundenen BW-Resultate an Ratten für Nacktgerste etwas höher als die für Spelzgerste. Die von WETTERAU [11] parallel an Hühnern durchgeführten Versuche zeigen übereinstimmend mit den Schweineversuchen [1] für Spelzgerste höhere Werte als für Nacktgerste, wobei neben der Unterschiedlichkeit von Probefuttermischung und dem Verhältnis von N-Gabe (NG) zu N-Erhaltungsbedarf (NEB) auch die Beeinflußbarkeit durch die verschiedenen Tierarten und Gewichte Ursache sein kann. Die von HARNISCH [1] an Schweinen durchgeführten Versuche zeigen, daß bei Verabreichung gleicher Mengen Nackt- und Spelzgerste nach statistischer Prüfung einer Vielzahl von Einzelergebnissen keine signifikanten Unterschiede in der biologischen Wertigkeit beider Gerstenformen auftraten, weil sich die BW-Resultate auf Grund des unterschiedlichen Rohproteingehaltes und des dadurch bedingten NG/NEB-Verhältnisses ausglichen.

Nach den Untersuchungen von NEHRING u. SCHRAMM [6] konnten ebenfalls keine deutlichen BW-Unterschiede zwischen den geprüften Nackt- und Spelzgerste-Sorten festgestellt werden.

Bei der Errechnung der BW nach der Formel

$$BW\ \% = \frac{\text{NEB} + \text{N-Bilanz}}{\text{N-Zufuhr} - \text{Kot-N} + \text{DVN}} \times 100$$

wird im Zähler und Nenner der verdaute Stickstoff berücksichtigt, um anteilmäßig den physiologisch nutzbaren Stickstoff am wirklich verdauten Stickstoff berechnen zu können.

Aus den vorliegenden Untersuchungsergebnissen [1] ist zu ersehen, daß die Verdauungsquotienten (VQ) für Spelzgerste niedriger liegen als die für Nacktgerste. Der durchschnittliche VQ für Rohprotein beträgt nach den Versuchen an Schweinen für Spelzgerste 81% und für Nacktgerste 87%. Um die Beeinflussung der unterschiedlichen Verdaulichkeit von Nackt- und Spelzgerste auf die biologische Wertigkeit näher erkennen zu können, erschien es notwendig, in diesem Material den AS-Gehalt festzustellen, und die Verdaulichkeit des Rohproteins und einiger essentieller Aminosäuren bei verschiedenen Mahlungsstufen in Versuchen an Schweinen zu prüfen, die parallel der entsprechenden in vitro-Untersuchungen von ROJAHN u. WAGNER [8] durchgeführt wurden.

Versuchsmaterial und Methode

Mit den bereits ausführlich beschriebenen Gerstensorten [1] wurden an 8 Börgen der Rasse „Deutsches Edelschwein" Verdaulichkeitsversuche nach dem üblichen Verfahren durchgeführt. Die Tiere hatten ein Durchschnittsgewicht von 75 kg und erhielten eine Tagesration von 1500 g Gerste in zwei Mahlzeiten mit Wasser angerührt verabreicht.

Die Nackt- und Spelzgerste wurde mit der Schrotmühle in 4 Mahlungsstufen zerkleinert.

Mahlungsstufe I: sehr grob geschrotet, z. T. noch ganze, vorwiegend halbe Körner.
„ II: grob geschrotet, alle Körner zerkleinert.
„ III: mittelfein geschrotet, normal (2 mm).
„ IV: sehr fein geschrotet, im Durchschnitt 1 mm.

Für die einzelnen Mahlungsstufen dienten zum Versuch jeweils 2 Tiere in einer Gruppe. Die Verdaulichkeitsversuche mit Nacktgerste folgten denen mit Spelzgerste und wurden an den gleichen Tieren der den jeweiligen Mahlungsstufen entsprechenden Versuchsgruppen durchgeführt.

Die erforderlichen Trockensubstanz- und Stickstoffbestimmungen von Futter und Kot sind nach dem chemisch-analytischen Verfahren der WEENDER-Vorschrift durchgeführt worden. Die Bestimmungen einiger essentieller Aminosäuren – Lysin, Phenylalanin, Histidin u. Arginin – erfolgte nach dem bereits von ROJAHN [8] beschriebenen mikrobiologischen Verfahren.

Versuchsergebnissse und Diskussion

In Tabelle 1 sind die Versuchsresultate von Futteraufnahme und Kotausscheidung im Gruppendurchschnitt von jeweils 2 Versuchstieren für Nackt- und Spelzgerste bei den 4 unterschiedlichen Mahlungsstufen wiedergegeben und die Analysendaten der Trockensubstanz-, Rohprotein- und Aminosäurebestimmungen aufgeführt.

Die in Tabelle 1 zusammengestellten Versuchsergebnisse dienen zur nachfolgenden Berechnung der Verdaulichkeit.

Zum Vergleich des AS-Gehaltes in Nackt- und Spelzgerste, sowie Futter und Kot sind die absoluten Analysenwerte auf den AS-Anteil in g/100 g Rohprotein umgerechnet worden und in Tabelle 2 (S. 288) aufgeführt.

Aus Tabelle 2 ist zu ersehen, daß der Aminosäuregehalt im Futter und Kot unterschiedlich ist. Mit Ausnahme des Lysin-Gehaltes, der durchschnittlich im Kot höher liegt als im Futter, und des Wertes für den Phenylalanin-Gehalt der Nacktgersten-Mahlungsstufe I liegen die AS-Gehalte im Kot bei allen Mahlungsstufen niedriger als der zugehörige Wert des Futters.

Auf die Problematik des AS-Gehaltes in Kot bei unterschiedlicher AS-Zufuhr durch Nahrungsprotein wurde bereits von NASSET u. a.[5] hingewiesen. Die Untersuchungsergebnisse lassen hinsichtlich des Lysin-Gehaltes im Kot auch für die vorliegenden Untersuchungen ähnliche Schlußfolgerungen zu.

Die Mahlungsstufen der Nacktgerste (links) und Spelzgerste (rechts)

Da die mehrfach durchgeführten Parallelbestimmungen der aufgeführten Aminosäuren für die einzelnen Mahlungsstufen von Nackt- und Spelzgerste innerhalb der gültigen Gesamtlatitüde gut übereinstimmende Resultate zeigen, sind die Durchschnittswerte von den Mahlungsstufen I–IV und der durchschnittliche AS-Gehalt von Nackt- und Spelzgerste in der letzten Kolumne der Tabelle 2 wiedergegeben. Auf Grund dieser resultierenden Durchschnittswerte wurden zur weiteren Berechnung für die Verdaulichkeit der einzelnen Aminosäuren die entsprechenden AS%-Durchschnittswerte bezogen auf Trockensubstanz in Tabelle 1 als Berechnungsbasis aufgeführt. Die gefundenen Resultate stimmen im Durchschnitt mit den in der Literatur vorliegenden[3, 7] überein.

Tabelle 1. *Analysendaten, Futteraufnahme und Kotausscheidungen für die Mahlungsstufen von Nackt- und Spelzgerste*

Mahlungsstufe Gerstenform	I Nacktgerste	I Spelzgerste	II Nacktgerste	II Spelzgerste	III Nacktgerste	III Spelzgerste	IV Nacktgerste	IV Spelzgerste
Futter:								
Futteraufnahme in g	1500	1500	1500	1500	1500	1500	1500	1500
Trockensubstanz %	89,75	88,69	87,21	88,54	86,43	87,10	85,68	86,24
Rohproteingehalt in % der Trockensubstanz	13,8	11,2	13,8	11,2	13,8	11,2	13,8	11,2
Aminosäuren in % der Trockensubstanz								
Lysin	0,54	0,43	0,54	0,43	0,54	0,43	0,54	0,43
Phenylalanin	0,82	0,57	0,82	0,57	0,82	0,57	0,82	0,57
Histidin	0,42	0,34	0,42	0,34	0,42	0,34	0,42	0,34
Arginin	0,71	0,58	0,71	0,58	0,71	0,58	0,71	0,58
Kot:								
Kotausscheidung in g	212	341	194	330	117	202	88	160
Trockensubstanz %	97,26	96,59	95,89	97,15	95,32	96,93	95,66	96,85
Rohproteingehalt in % der Trockensubstanz	27,06	18,08	24,25	16,14	22,38	14,89	20,94	14,02
Aminosäuren in % der Trockensubstanz								
Lysin	1,55	1,06	1,36	0,95	1,18	0,68	1,02	0,61
Phenylalanin	1,84	0,74	1,39	0,66	1,26	0,60	1,10	0,54
Histidin	0,66	0,40	0,52	0,35	0,42	0,32	0,39	0,29
Arginin	1,14	0,85	0,96	0,75	0,83	0,62	0,72	0,55

In Tabelle 3 (S. 289) sind die Verdauungsquotienten für Nackt- und Spelzgerste aufgeführt und die Durchschnittswerte in Tabelle 4 zusammengefaßt. Die Ergebnisse zeigen für die einzelnen Aminosäuren ebenso wie für Rohprotein und Trockensubstanz, daß die Verdaulichkeit mit der Feinheit der Mahlung ansteigt. Die Werte der Verdauungsquotienten von Trockensubstanz und Rohprotein für die Mahlungsstufe III decken sich mit den Ergebnissen der von HARNISCH am gleichen Untersuchungsmaterial durchgeführten Untersuchungen [1].

Tabelle 2. *Prozentischer Anteil einiger essentieller Aminosäuren am Rohprotein von Futter und Kot*

Mahlungsstufe Gerstenform	I		II		III		IV		Ø I—IV		Ø
	Nackt-gerste	Spelz-gerste	Nackt-gerste	Spelz-gerste	Nackt-gerste	Spelz-gerste	Nackt-gerste	Spelz-gerste	Nackt-gerste	Spelz-gerste	Nackt- und Spelzgerste
Futter:											
Lysin	3,97	3,96	4,37	3,76	3,69	3,99	3,58	3,78	3,90	3,87	3,9
Phenylalanin	5,86	5,29	5,82	5,00	6,16	5,15	6,00	4,82	5,96	5,06	5,5
Histidin	3,03	3,14	3,03	3,03	3,07	3,11	2,92	2,92	3,01	3,05	3,0
Arginin	5,38	5,22	5,13	4,70	5,24	5,54	4,86	5,34	5,15	5,20	5,2
Kot:											
Lysin	5,73	5,89	5,63	5,89	5,27	4,58	4,86	4,35	—	—	—
Phenylalanin	6,80	4,07	5,74	4,07	5,61	4,04	5,23	3,84	—	—	—
Histidin	2,44	2,24	2,16	2,18	1,88	2,13	1,87	2,04	—	—	—
Arginin	4,21	4,71	3,96	4,63	3,69	4,13	3,46	3,90	—	—	—

Tabelle 3. *Errechnung der Verdauungsquotienten für Nackt- und Spelzgerste*

	Trocken-substanz	Roh-protein	Lysin	Phenyl-alanin	Histi-din	Argi-nin		Trocken-substanz	Roh-protein	Lysin	Phenyl-alanin	Histi-din	Argi-nin
In 1500 g Nacktgerste I	1346,25	185,78	7,24	11,07	5,59	9,58	In 1500 g Spelzgerste I	1330,35	149,00	5,76	7,53	4,54	7,74
In 212 g Kot	206,19	55,80	3,20	3,78	1,36	2,35	In 341 g Kot	329,37	59,55	3,51	2,42	1,33	2,81
Verdaut in g	1140,06	129,98	4,04	7,29	4,23	7,23	Verdaut in g	1000,98	89,45	2,25	5,11	3,21	4,93
Verdaut in %	84,68	69,96	55,80	65,85	75,67	75,47	Verdaut in %	75,24	60,03	39,06	67,86	70,70	63,70
In 1500 g Nacktgerste II	1308,15	180,52	7,04	10,75	5,43	9,31	In 1500 g Spelzgerste II	1328,10	148,75	5,75	7,52	4,53	7,73
In 194 g Kot	186,03	45,11	2,54	2,59	0,97	1,78	In 330 g Kot	320,60	51,74	3,05	2,11	1,13	2,39
Verdaut in g	1122,12	135,41	4,50	8,16	4,46	7,53	Verdaut in g	1007,50	97,01	2,70	5,41	3,40	5,34
Verdaut in %	85,78	75,01	63,92	75,91	82,14	80,88	Verdaut in %	75,35	65,22	46,96	71,94	75,06	69,08
In 1500 g Nacktgerste III	1296,45	178,92	6,97	10,66	5,38	9,23	In 1500 g Spelzgerste III	1306,50	146,33	5,66	7,39	4,46	7,60
In 117 g Kot	111,52	24,96	1,31	1,40	0,47	0,92	In 202 g Kot	195,80	29,15	1,34	1,18	0,62	1,20
Verdaut in g	1184,93	153,96	5,66	9,26	4,91	8,31	Verdaut in g	1110,70	117,18	4,32	6,21	3,84	6,40
Verdaut in %	91,40	86,05	81,20	86,87	91,26	90,03	Verdaut in %	85,01	80,08	76,32	84,03	86,10	84,21
In 1500 g Nacktgerste IV	1285,20	177,36	6,91	10,56	5,33	9,15	In 1500 g Spelzgerste IV	1293,60	144,88	5,60	7,32	4,41	7,53
In 88 g Kot	84,18	17,63	0,86	0,92	0,33	0,61	In 160 g Kot	154,96	21,72	0,94	0,83	0,44	0,85
Verdaut in g	1201,02	159,73	6,05	9,64	5,00	8,54	Verdaut in g	1138,64	123,16	4,66	6,49	3,97	6,68
Verdaut in %	93,45	90,06	87,55	91,29	93,81	93,33	Verdaut in %	88,02	85,01	83,21	88,66	90,02	88,71

Tabelle 4. *Verdauungsquotienten von Trockensubstanz, Rohprotein und einigen essentiellen Aminosäuren von Nackt- und Spelzgerste bei verschiedenen Mahlungsstufen*

Mahlungsstufe Gerstenform	I Nacktgerste	I Spelzgerste	II Nacktgerste	II Spelzgerste	III Nacktgerste	III Spelzgerste	IV Nacktgerste	IV Spelzgerste
Trockensubstanz	85	75	86	75	91	85	93	88
Rohprotein	70	60	75	65	86	80	90	85
Lysin	56	39	64	47	81	76	88	83
Phenylalanin	66	68	76	72	87	84	91	89
Histidin	76	71	82	75	91	86	94	90
Arginin	75	64	81	69	90	84	93	89

Die VQ zeigen in gleicher Weise für die Erhöhung der Mahlungsstufe eine ansteigende Tendenz, wobei die Resultate für Spelzgerste bezüglich der Rohprotein-Verdaulichkeit mit den Werten von HABERHAUFFE [2] ziemlich gut übereinstimmen. Die Verdaulichkeit der 4 bestimmten Aminosäuren liegt bei allen Mahlungsstufen für Lysin am niedrigsten und für Histidin am höchsten. Die Unterschiede der VQ für die einzelnen Aminosäuren sind in den Mahlungsstufen bei I und II größer als bei III und IV, und unter Zugrundelegung der üblichen Schwankungsbreite in der Mahlungsstufe IV kaum noch vorhanden. Die für Nackt- und Spelzgerste bei den Mahlungsstufen III und IV gefundenen VQ-Resultate stimmen annähernd auch mit den Ergebnissen der von ROJAHN und WAGNER [8] ermittelten Verdaulichkeiten aus in-vitro-Versuchen mit Pepsin-HCl/Pankreatin-Gemisch nach 20stündiger Einwirkung überein. Die Durchschnittswerte aller Aminosäure-VQ in der Mahlungsstufe IV zeigen keinen großen Unterschied gegenüber den Werten der VQ für Rohprotein.

Auf Grund des unterschiedlichen Rohprotein-Gehaltes von Nackt- und Spelzgerste, sowie der verschieden hohen Verdaulichkeit bei den einzelnen Mahlungsstufen ergeben sich die in den Tabellen 5–7 (S. 291) aufgeführten Gehaltszahlen.

Aus diesen Tabellen ist für die Mahlungsstufen III und IV, die für die praktische Fütterung ausschlaggebend sind, zu erkennen, daß die Gehaltszahlen für verdauliches Rohprotein und die einzelnen verdaulichen AS bei Nacktgerste höher sind als bei Spelzgerste. Werden die Ergebnisse der Mahlungsstufen III und IV für Nackt- und Spelzgerste aus Tabelle 6 und 7 verglichen, so ergibt sich auf Grund der kaum unterschiedlichen Verdauungsquotienten für die einzelnen Aminosäuren in den genannten Mahlungsstufen ein konstanter Unterschied bei der gewählten Bezugsbasis. So ist der prozentische Anteil der verdauten Aminosäuren am Rohprotein von Nackt- und Spelzgerste (s. Tab. 6) niedriger als der Anteil am *verdaulichen* Rohprotein (s. Tab. 7). Der aus den Tabellen 6 und 7 in den letzten Kolumnen ersichtliche Unterschied des AS-Gehaltes von Nackt- und Spelzgerste läßt an Hand der vorliegenden Resultate der durchgeführten Testuntersuchungen noch keine endgültigen Schlußfolgerungen hinsichtlich einer verschieden hohen Proteinverwertung zu, was noch durch weitere Versuche mit einer Komplettierung der AS-Bestimmung zu untersuchen ist.

Tabelle 5. *Gehalt an verdaulichem Rohprotein und einiger verdauter essentieller Aminosäuren in Prozent der Trockensubstanz*

Mahlungsstufe Gerstenform	I Nackt-gerste	I Spelz-gerste	II Nackt-gerste	II Spelz-gerste	III Nackt-gerste	III Spelz-gerste	IV Nackt-gerste	IV Spelz-gerste
verd. Rohprotein	9,66	6,72	10,35	7,28	11,87	8,96	12,42	9,52
verd. Lysin	0,30	0,17	0,34	0,20	0,44	0,33	0,48	0,36
verd. Phenylalanin	0,54	0,39	0,62	0,41	0,71	0,48	0,75	0,51
verd. Histidin	0,32	0,24	0,34	0,50	0,38	0,29	0,39	0,31
verd. Arginin	0,53	0,37	0,58	0,40	0,64	0,49	0,66	0,52

Tabelle 6. *Prozentischer Anteil einiger verdauter Aminosäuren am Rohprotein von Nackt- und Spelzgerste*

Mahlungsstufe Gerstenform	I Nackt-gerste	I Spelz-gerste	II Nackt-gerste	II Spelz-gerste	III Nackt-gerste	III Spelz-gerste	IV Nackt-gerste	IV Spelz-gerste
Lysin	2,17	1,52	2,46	1,78	3,19	2,95	3,48	3,21
Phenylalanin	3,91	3,48	4,49	3,66	5,14	4,28	5,43	4,55
Histidin	2,32	2,14	2,46	4,46	2,75	2,59	2,83	2,77
Arginin	3,84	3,30	4,20	3,57	4,64	4,38	4,78	4,64

Tabelle 7. *Prozentischer Anteil einiger verdauter essentieller Aminosäuren am verdaulichen Rohprotein von Nackt- und Spelzgerste*

Mahlungsstufe Gerstenform	I Nackt-gerste	I Spelz-gerste	II Nackt-gerste	II Spelz-gerste	III Nackt-gerste	III Spelz-gerste	IV Nackt-gerste	IV Spelz-gerste
verd. Lysin	3,10	2,53	3,28	2,75	3,71	3,68	3,86	3,78
verd. Phenylalanin	5,59	5,80	5,99	5,63	5,98	5,36	6,04	5,36
verd. Histidin	3,31	3,57	3,28	6,87	3,20	3,24	3,14	3,26
verd. Arginin	5,49	5,50	5,60	5,49	5,39	5,47	5,31	5,46

Zusammenfassung

In Versuchen an Schweinen wurden die Verdaulichkeiten der Trockensubstanz, des Rohproteins und einiger essentieller Aminosäuren – Lysin, Phenylalanin, Histidin und Arginin – von Nackt- und Spelzgerste bei 4 Mahlungsstufen ermittelt. Es zeigte sich, daß die Verdauungsquotienten mit dem Feinheitsgrad der Mahlung allgemein ansteigen. Die Verdaulichkeit der Spelzgerste ist niedriger als die der Nacktgerste, was auch für die einzelnen Aminosäuren zutrifft. Bei den für die praktische Fütterung erforderlichen Mahlungsstufen, mittelfein bis feine Schrotung, ergibt sich für die Verdaulichkeit der untersuchten Aminosäuren kein wesentlicher Unterschied gegenüber dem Verdauungsquotienten für Rohprotein. Der geringe Unterschied im Aminosäuregehalt von Nackt- und Spelzgerste bezogen auf 100 g Rohprotein bzw. verdauliche Aminosäuren je 100 g verdauliches Rohprotein läßt einen deutlichen Unterschied in der biologischen Wertigkeit für beide Gerstensorten kaum vermuten.

Literaturverzeichnis

[1] COLUMBUS, A., W. HARNISCH u. F. SCHOLZ: Verdaulichkeits-, N-Bilanz- und Fütterungsversuche mit einer nacktkörnigen Gerstenmutante und ihrer bespelzten Ausgangssorte an wachsenden Labortieren und Schweinen. Arch. f. Tierernährung **9**, 140 (1959).

[2] HABERHAUFFE, W.: Über den Einfluß der Zubereitung auf die Verdaulichkeit der Futtermittel. Diss. Göttingen 1926.

[3] HARVEY, D.: Tables of the amino acids in foods and feeding stuffs. Commonwealth Agric. Bur., Bucksburn, Sc.

[4] KNIBBE, R.: Der Nährwert der Nacktgerste im Vergleich zu bespelzten Gersten beim Schwein. Landw. Versuchsstat. **117**, 132 (1933).

[5] NASSET, E. S., P. SCHWARTZ u. H. V. WEISS: The digestion of proteins in vivo. J. Nutr. **56**, 83 (1955).

[6] NEHRING, K. u. W. SCHRAMM: Über die biologische Wertigkeit des Eiweißes verschiedener Gerstensorten bei wachsenden Schweinen und ihre Beeinflussung durch Stickstoffdüngung. Biedermanns Zentralblatt Abtlg. B Tierernährung **12**, 478 (1940).

[7] NEHRING, K. u. E. SCHWERDTFEGER: Der Gehalt an essentiellen Aminosäuren in einigen Nahrungs- und Futtermitteln. Ztschr. f. Lebensm.-Unters. u. Forsch. **105**, 12 (1957).

[8] ROJAHN, J. u. J. WAGNER: In vitro-Verdaulichkeitsversuche des Rohproteins und einiger Aminosäuren der Nackt- und Spelzgerste. Arch. f. Tierernährung **11**, 145 (1961).

[9] SCHOLZ, F.: Mutationsversuche an Kulturpflanzen. IV. Über den züchterischen Wert zweier röntgeninduzierter nacktkörniger Gerstenmutanten. Kulturpflanze **3**, 69 (1955).

[10] SCHOLZ, F.: Mutationsversuche an Kulturpflanzen. VII. Untersuchungen über den züchterischen Wert röntgeninduzierter Mutanten verschiedener Merkmalsgruppen bei Sommer- und Wintergerste (1. und 2. Teil). Ztschr. Pflanenzenzüchtung **38**, 181 u. 225 (1957).

[11] WETTERAU, H.: Die biologische Eiweißwertigkeit der Cerialien bei wachsendem Geflügel. Arch. f. Geflügelzucht u. Kleintierkunde **9**, 399 (1960).

Eingegangen am 12. 1. 1961

Aus dem Veterinär-Physiologischen Institut der Karl-Marx-Universität Leipzig
(Damaliger Direktor: Prof. Dr. med. vet. habil. M. SCHIEBLICH)

MARTIN SCHIEBLICH und *INGE WETZEL*

Über den Nährwert der Uteri von Schweinen im Vergleich zu dem des Pferdefleisches

Für die an unserem Institut laufend durchgeführten ernährungsphysiologischen Untersuchungen werden in erster Linie weiße Ratten benutzt, die ohne Ausnahme der eigenen umfangreichen Zucht entnommen werden. Zur Ernährung der zahlreichen Zuchtratten verwenden wir bereits seit Jahren mit bestem Erfolg eine gemischte Kost, die aus Cerealien, Leguminosen, Wurzel- und Knollenfrüchten, Gemüse und anderen Vegetabilien und Innereien zubereitet und gekocht verabreicht wird. Von den Innereien wird vor allem Rindsleber ihres Vitaminreichtums wegen bevorzugt.

Vielfach waren wir aber gezwungen, größere Mengen Schweineuteri mit Adnexen (Tuben, Ovarien und Ligg. lata) zu verwenden, die auf den Schlachthöfen z. T. in die Konfiskatbehälter wandern. Angaben über Zusammensetzung und Nährwert dieses Abfallproduktes konnten wir weder in den einschlägigen Werken über Futtermittel und Fütterung noch in der uns zur Verfügung stehenden Literatur finden. Es lag daher nahe, Untersuchungen über den ernährungsphysiologischen Wert der Uteri von Schweinen anzustellen.

Eigene Untersuchungen

Wir gingen dabei derart vor, daß wir den Nährwert der Uteri in langdauernden Fütterungsversuchen an weißen Ratten mit dem eines hochwertigen tierischen Nahrungsmittels, und zwar des Pferdefleisches, verglichen. Hierzu war es zunächst erforderlich, die Zusammensetzung der Uteri zu ermitteln.

Analysen

Wir bedienten uns zur Bestimmung der Trockensubstanz, des Rohfettes, des verdaulichen Rohproteins und der Asche der im Handbuch der landwirtschaftlichen Versuchs- und Untersuchungsmethodik [1] angegebenen Methoden, die Bestimmung des Rohproteins ausgenommen, die nach dem Mikrokjeldahlverfahren in der Modifikation von PARNAS und WAGNER [2] unter Verwendung von Selengemisch vorgenommen wurde.

SCHALL [3] gibt für rohes Pferdefleisch 25,8% Trockensubstanz, 21,5% Eiweiß und 2,5% Fett an, für gekochtes Pferdefleisch ca. 35% Trockensubstanz, ca.

30% Eiweiß und ca. 4% Fett. Die Ergebnisse unserer Untersuchungen von Proben gekochter Uteri von Schweinen und Proben gekochten, mageren Pferdefleisches sind in Tabelle 1 niedergelegt.

Tabelle 1

	Trockens. %		Asche %		Rohfett %		Rohprotein %		Verd. Rohprotein %		Verd. Rohprotein in % vom Rohprotein
	$\bar{x} \pm s$	n	$\bar{x} \pm s$	n	$\bar{x} \pm s$	n	$\bar{x} \pm s$	n	$\bar{x} \pm s$	n	
Uteri, gekocht	19,2 ±2,4	25	0,74 ±0,12	25	0,71 ±0,21	25	16,3 ±1,6	19	15,0 ±1,8	25	92
Pferdefleisch, gekocht	38,4 ±2,9	25	0,82 ±0,22	25	1,38 ±0,70	25	35,2 ±3,9	23	34,3 ±4,3	4	97,4

$\bar{x}$ Mittelwert
s Streuung
n Zahl der Analysen

Die Uteri enthalten demnach im Vergleich zum Pferdefleisch praktisch die doppelte Menge an Wasser. Auf Trockensubstanz bezogen sind die Uteri reicher an Asche, dagegen ärmer an Rohprotein und verdaulichem Rohprotein (vgl. hierzu Tab. 2).

Tabelle 2

	Asche % *)	Rohfett % *)	Rohprotein % *)	Verd. Rohprotein % *)	Verd. Rohprotein in % vom Rohprotein
Uteri	3,9	3,7	84,9	78,1	92
Pferdefleisch	2,1	3,6	91,7	89,3	97,4

*) Auf Trockensubstanz bezogen

Fütterungsversuche

Obwohl von vornherein zu erwarten war, daß das Eiweiß des Uterus als das eines tierischen Organs eine hohe Wertigkeit besitzt, schien es uns doch in Anbetracht der Tatsache, daß jedes Organ ein seiner Funktion angepaßtes, besonders aufgebautes Eiweiß besitzt, interessant, die Wertigkeit des Eiweißes der Uteri mit der des Eiweißes des Pferdefleisches zu vergleichen. Wir gingen hierbei derart vor, daß wir die Uteri bzw. das Pferdefleisch einmal einer synthetischen, eiweißfreien Kostform zufügten (Versuch I) und zum anderen Male den Ergänzungswert bei Zugabe zu einer in bezug auf ihren Eiweißgehalt unterwertigen, vegetabilischen Ration prüften (Versuch II).

Versuch I

Je 20 junge, wachsende, weiße Ratten, und zwar je 10 männliche und weibliche Tiere, im Gewicht von 45–55 g, wurden auf eine synthetische Kost aus Weizenstärke, Pflanzenöl, Salzgemisch und Lebertran gesetzt. Je 10 männliche und weibliche Ratten wurden deshalb ausgewählt, weil außer dem Wachstum der Versuchstiere ihre Fortpflanzungsfähigkeit beobachtet werden sollte. Die synthetische Grundkost wurde mit Uteri (Ration U_I) bzw. Pferdefleisch (Ration P_1), beides in gekochtem und mit Hilfe eines Fleischwolfes fein zerkleinertem Zustand, ergänzt, wobei die Höhe der Zulagen so bemessen war, daß sie gleiche Mengen, und zwar 10% verdauliches Rohprotein, lieferten. Da zur Erfüllung dieser Forderung vom Pferdefleisch eine weit geringere Menge nötig war als von den wasserreicheren Uteri, mußte die Pferdefleischration mit H_2O ergänzt werden, zumal Vorversuche gezeigt hatten, daß diese Ration ohne H_2O-Zugabe zu trocken war und deshalb schlechter gefressen wurde als mit H_2O-Ergänzung. Allerdings war es nicht angängig, die gesamte fehlende H_2O-Menge von 37,4% zuzusetzen, weil sich dann die Futterbeschaffenheit wieder zu wäßrig gestaltete. Es wurde deshalb nur die Hälfte, d. h. 18,7% H_2O, beigegeben (vgl. hierzu Tab. 3).

Tabelle 3

Ration U_I		Ration P_I	
Weizenstärke	14,4%	Weizenstärke	14,4%
Pflanzenöl	11,0%	Pflanzenöl	11,4%
Salzgemisch	4,0%	Salzgemisch	4,0%
Lebertran	4,0%	Lebertran	4,0%
Uteri, gekocht	66,6%	H_2O	18,7%
	100,0%	Pferdefleisch, gekocht	29,2%
			81,3%

Als Salzgemisch wurde das etwas modifizierte und außerdem ergänzte Salzgemisch nach SCHEUNERT und VENUS[4, 5] verwendet, das sich folgendermaßen zusammensetzte:

NaCl	1,2	$MnSO_4$	9,572
$MgSO_4$ (wasserfrei)	48,0	Na_2SiO_3	9,618
Fe-Zitrat + 3 H_2O	21,0	NaF	0,06
NaH_2PO_4	62,4	KJ	0,03
K_2HPO_4	171,6	$Al_2(SO_4)_3 \cdot K_2SO_4 + 24\,H_2O$	0,95
$Ca(H_2PO_4)_2 + H_2O$	97,2	$CuSO_4$	0,237
Ca-Zitrat + 4 H_2O	204,0	$ZnSO_4$	0,119
		Co-Chlorid	0,119

Dem fertig zubereiteten Futter wurden täglich unabhängig von der davon gereichten Menge je Ratte folgende Vitamingaben zugesetzt:

Vitamin B_1	4 γ	D(+)-Pantothenol	5 γ
Vitamin B_2	5 γ	Vitamin B_{12}	0,4 γ
Niacin	15 γ	Tokopherol	0,2 mg
Vitamin B_6	8 γ		

Vom Vitamin B_{12} wurde eine besondere Lösung, getrennt von den anderen Vitaminen der B-Gruppe, hergestellt, da dieses Vitamin durch Thiamin und Niacin zerstört wird [6].

Die täglich je Ratte gereichte Futtermenge betrug anfänglich bei Ration U_1 15 g, bei Ration P_1, ihrem geringeren H_2O-Gehalt entsprechend, 12,2 g. Im Interesse einer gleichmäßigen Futteraufnahme wurde beschränkt gefüttert, d. h. die Tagesration je Ratte richtete sich nach dem Tier bzw. später Pärchen, das die jeweils geringste Futtermenge aufgenommen hatte.

Die Versuchsratten wurden zunächst einzeln in Glaskäfigen von 28 cm Länge, 21 cm Breite und 24 cm Höhe auf Hobelspänen gehalten. Etwa verstreutes Futter wurde täglich sorgfältig gesammelt und zurückgewogen. Nach 28 Tagen, vom Ansatzdatum an gerechnet, erfolgte die Paarung und gleichzeitig das Umsetzen der einzelnen Pärchen in Zuchtkäfige (Holzkästen von 43 cm Länge, 34 cm Breite und 20 cm Höhe). Diese Käfige enthielten zur Aufnahme der Hobelspäne einen herausnehmbaren Blecheinsatz; ihre Vorderwand bildete zwecks guter Beobachtungsmöglichkeit der Ratten eine herausziehbare Glasplatte.

Ein exakter Vergleich des Wachstums sämtlicher Versuchsratten war lediglich bis zum 28. Versuchstag möglich, weil nur bis dahin die Futteraufnahme genau verfolgt werden konnte, was nach der Paarung für das einzelne Tier nicht mehr zu verwirklichen war. Wir haben aber trotzdem noch das Wachstum der männlichen Ratten bis zum 180. Versuchstag vergleichend ausgewertet. Dieser Stichtag wurde gewählt, weil die Tiere dann ihre eigentliche Wachstumsperiode beendet hatten. Auf einen Vergleich der Gewichtszunahmen der weiblichen Ratten nach der Paarung wurde in Anbetracht der auftretenden Trächtigkeiten verzichtet.

Tabelle 4

		Gewichtszunahme in g			Futteraufnahme in g		
Versuchsdauer	Geschl.	Ration U_1	Ration P_1	Signif.	Ration U_1	Ration P_1	Signif.
28 Tage	♂	41,9	40,3	–	321,0	258,7	–
	♀	41,3	36,2	+	317,6	258,7	–
180 Tage	♂	273,3	257,9	–			

Aus Tabelle 4 ist deutlich zu erkennen, daß das Wachstum der Ratten mit der Ration U_1 durchweg besser war als das der Ratten mit der Ration P_1, bei den weiblichen Tieren sogar signifikant besser *), obwohl diese etwas weniger Eiweiß aufgenommen hatten als die weiblichen Ratten mit der Ration P_1. *Es beweist dies, daß das Eiweiß der Uteri dem des Pferdefleisches in seiner Wertigkeit für das Wachstum von Ratten zumindest gleich kommt.*

Die weiblichen Ratten wurden nach der Paarung zwar sämtlich trächtig und brachten bis zu 5 Würfe. Die jungen Ratten wurden jedoch fast ausnahmslos entweder tot geboren, gefressen oder aber starben nach kürzerer oder längerer Zeit. Einem einzigen Muttertier der Pferdefleischgruppe gelang es, von einem kleinen Wurf (2. Wurf) von 3 Tieren ein männliches bis zum Absetzen am 32. Tag aufzuziehen. Das Jungtier hatte zu diesem Zeitpunkt ein Gewicht von 56 g erreicht und erwies sich später nach Umsetzen auf gemischte Kost als fortpflanzungsfähig. Von zwei weiteren Würfen des gleichen Muttertieres blieb jedoch kein Jungtier am Leben, so daß die Aufzucht eines einzigen Jungtieres in der Pferdefleischgruppe nur als ein Zufall gewertet werden kann und nicht im Sinne einer Überlegenheit der Kostform P_1 gegenüber der Kostform U_1 hinsichtlich ihrer Eignung für die Aufzuchtfähigkeit von jungen Ratten spricht. Bei erkennbarer Trächtigkeit wurden die Weibchen von den Männchen getrennt und erhielten, natürlich auch während der Säugeperiode, so viel Futter gereicht, daß sie davon ad libitum aufnehmen konnten. Lysinzugaben verbesserten, wie an sich von vornherein zu erwarten war, die Fortpflanzungsergebnisse nicht.

Der Versuchsverlauf bestätigt die von SCHEUNERT und VENUS[4] bei Verfütterung von Rindfleisch und Hammelfleisch und auch die von SLONAKER[7] bei Verabreichung eines Gemisches von 38% pflanzlichem und 62% tierischem Eiweiß gewonnenen Ergebnisse, nach denen durch die Zufuhr von 10% Eiweiß keine befriedigende Fortpflanzung zu erzielen ist, wohl aber mit höheren Eiweißgaben (14 bzw. 20%). In unserem Versuch war eine derartige Steigerung der Eiweißgabe jedoch in Anbetracht des hohen H_2O-Gehaltes der Uteri unmöglich.

Der Versuch wurde nach einer Gesamtdauer von 279 Tagen abgebrochen. Die Ratten machten bei Versuchsende äußerlich einen durchaus gesunden Eindruck. Probeweise vorgenommene Zerlegung einiger Tiere bewies deren guten Ernährungszustand, war aber sonst ohne besonderen Befund.

Versuch II

Wie bereits erwähnt, war es das Ziel dieses Versuches, den Ergänzungswert des Eiweißes der Uteri und des Pferdefleisches bei Zugabe zu einer in bezug auf ihren Eiweißgehalt sowohl in quantitativer als auch qualitativer Hinsicht unterwertigen, vegetabilischen Kost zu prüfen. Diese Grundkost (Ration G) setzte sich aus Weizenkleie, Kartoffeln, Mohrrüben und Lebertran zusammen und enthielt 2,09% verdauliches Eiweiß. Die Höhe der Zugabe von Uteri bzw. Pferdefleisch zu dieser Grundkost wurde so gewählt, daß 2 Rationen mit je 5,06% Eiweiß resultierten (Ration U_2 bzw. P_2), vgl. Tab. 5 u. 6. Das Verhältnis von pflanzlichem zu tierischem Eiweiß belief sich in den Rationen U_2 und P_2 auf 1,61 : 3,45.

*) Die statistischen Auswertungen erfolgten mittels t-Test bzw. Varianzanalyse bei Vorgabe einer statistischen Sicherheit von 5%.

Tabelle 5

	Ration G	Ration U_2	Ration P_2
Uteri	—	23,0 g	—
Pferdefleisch	—	—	10,1 g
H_2O	—	—	12,9 g
Weizenkleie	13,0 g	10,0 g	10,0 g
Kartoffeln	74,0 g	57,0 g	57,0 g
Mohrrüben	11,7 g	9,0 g	9,0 g
Lebertran	1,3 g	1,0 g	1,0 g
	100,0 g	100,0 g	100,0 g

Tabelle 6

Gehalt an verd. Eiweiß (Vegetabilien) *bzw. verd. Rohprotein*

	Ration G	Ration U_2	Ration P_2
Weizenkleie	1,30 %	1,00 %	1,00 %
Kartoffeln	0,74 %	0,57 %	0,57 %
Mohrrüben	0,05 %	0,04 %	0,04 %
Lebertran	—	—	—
Uteri	—	3,45 %	—
Pferdefleisch	—	—	3,45 %
	2,09 %	5,06 %	5,06 %

Ein Gehalt von rund 5% an Eiweiß in den Rationen U_2 und P_2 wurde gewählt, weil mit dieser Eiweißmenge in einer gemischten Kost in vielen anderen an unserem Institut durchgeführten Fütterungsversuchen an Ratten die besten Erfahrungen gemacht worden waren.

Die genannten Rationen wurden an 3 Gruppen zu je 20 Ratten verabreicht, die wieder aus je 10 männlichen und weiblichen Tieren bestanden. Das Ansatzgewicht der Ratten bewegte sich zwischen 46 und 56 g.

Die Fütterung erfolgte wieder beschränkt, wobei sich allerdings die Futtergaben an die Ratten mit der unterwertigen Grundkost (Ration G) nicht nach derjenigen der Gruppen mit den Rationen U_2 und P_2 richteten. Die Haltung der Tiere war die gleiche wie im Versuch I.

Die Ratten wurden nach 28 Tagen gepaart, und es gelang, von allen Gruppen Nachkommenschaft zu erzielen. Die an die Ratten der zweiten Generation gereichte Futtermenge richtete sich bei der Ration G nach dem ersten Tier, das nach Erreichung des erforderlichen Gewichtes einzeln angesetzt werden konnte, bei den Kostformen U_2 und P_2 gemeinsam nach einer Jungratte der Kostform U_2. Die Haltung der Tiere war die gleiche wie die bei der 1. Generation. Auch die Ratten der 2. Generation wurden gepaart, und zwar diejenigen mit der Ration U_2 und P_2 wieder am 28. Tag. Bei den Ratten mit der Ration G mußte in Anbetracht der langsamen Entwicklung der Tiere der Paarungstermin bis zum

75. Versuchstag hinausgeschoben werden. Erfolgte die Paarung früher, wurden die Weibchen wohl tragend, überstanden die Trächtigkeit jedoch in der Regel nicht. Fütterung und Haltung der Ratten der 3. Generation entsprachen dem Vorgehen, wie es für die 2. Generation beschrieben wurde. Bei der Grundkost konnten anstatt 5 nur 3 Pärchen der 3. Generation angesetzt werden, weil von den insgesamt geworfenen 73 Jungtieren (soweit nicht schon vor der Feststellung der Wurfgrößen gefressen) der weitaus größte Teil vor dem Erreichen des Ansatzgewichtes noch vom Muttertier aufgefressen wurde bzw. starb. Die Unterwertigkeit der Ration G kommt hierin deutlich zum Ausdruck.

Als bemerkenswerte Befunde bei einer Anzahl verendeter Ratten, die mit der Ration G ernährt worden waren, seien erhebliche Epithelwucherungen an der kutanen Schleimhaut des Magens und Invagination des Magens im Bereich dieser Schleimhautpartie erwähnt.

Das Wachstum sämtlicher Versuchsratten wurde aus den bei Versuch I dargelegten Gründen bis zum 28. und das der männlichen Tiere bis zum 180. Versuchstag verglichen. Da bei der 3. Generation eine Paarung nicht mehr erfolgte, wurde hier auch das Wachstum der weiblichen Ratten bis zum 180. Versuchstag vergleichend betrachtet.

Tabelle 7

Generation	Versuchsdauer	Geschl.	Gewichtszunahme in g			Futteraufnahme in g		
			Ration			Ration		
			G	U_2	P_2	G	U_2	P_2
1.	28 Tg.	♂	29,2	56,2	44,9	768	763	763
		♀	28,8	50,9	44,3	766	763	764
	180 Tg.	♂	251,3	339,5	327,8	—	—	—
		♀	—	—	—	—	—	—
2.	28 Tg.	♂	29,7	78,0	61,4	1018	1 021	1 010
		♀	29,1	65,8	58,0	1002	1 007	998
	180 Tg.	♂	155,7	318,5	274,6	—	—	—
		♀	—	—	—	—	—	—
3.	28 Tg.	♂	29,7*)	74,2	58,8	937*)	1 014	1 015
		♀	32,7*)	70,3	52,5	914*)	1 010	1 003
	180 Tg.	♂	173,5**)	309,3	270,9	10 763**)	11 887	12 082
		♀	142,3*)	199,2	178,2	8 894*)	10 255	10 990

Es wurden jeweils die Ergebnisse von 10 Tieren zusammengefaßt,
* nur von 3 Tieren
** nur von 2 Tieren

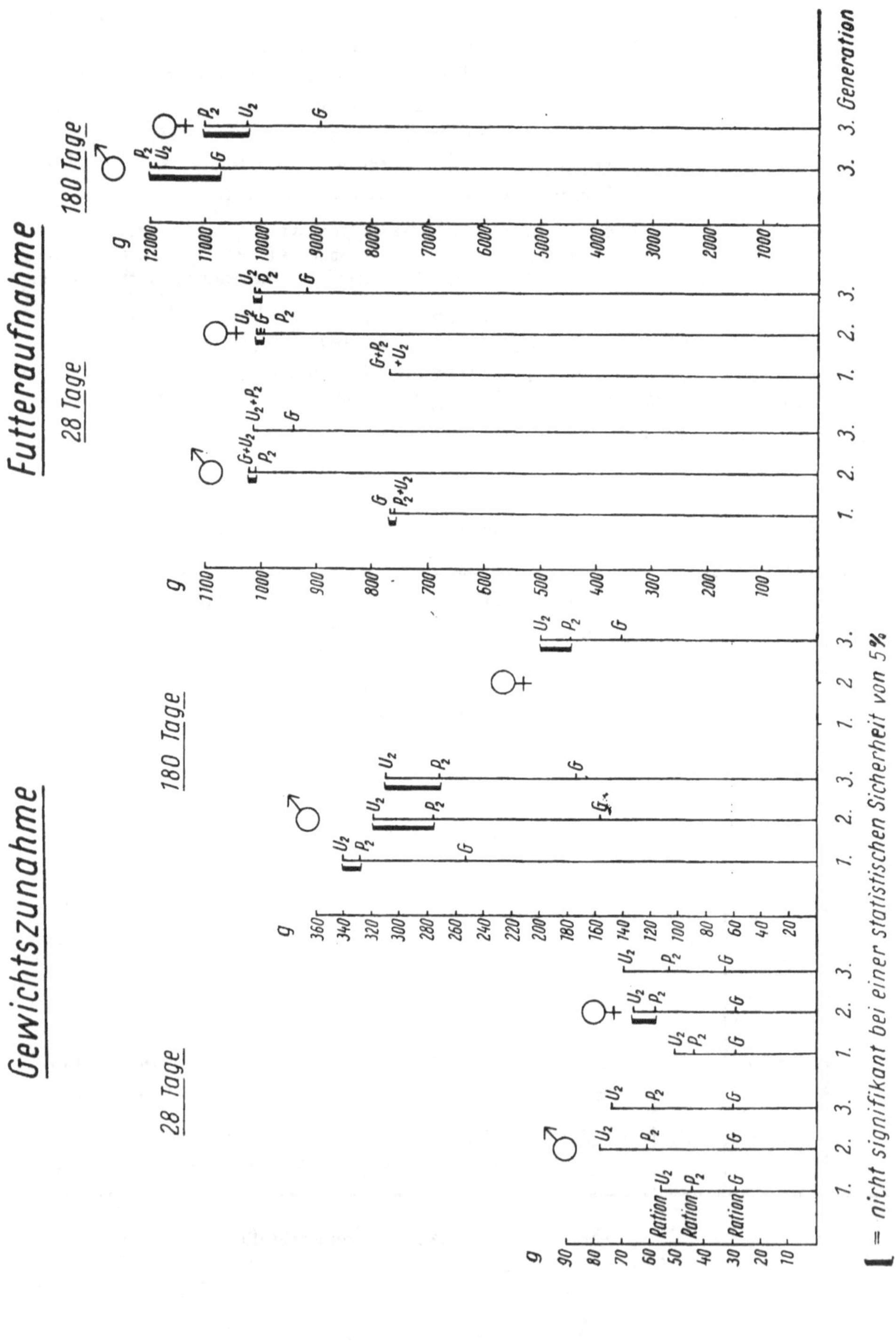
Gewichtszunahme
28 Tage
180 Tage
Futteraufnahme
28 Tage
180 Tage
g
Ration
U2
P2
G
3. Generation
= nicht signifikant bei einer statistischen Sicherheit von 5%

Abb. 1

Wie aus Tab. 7 und Abb. 1 ersichtlich ist, war das Wachstum der Ratten mit der Ration U_2 durchweg besser als das der Ratten mit der Ration P_2, bei der Beobachtung bis zum 28. Versuchstag sogar signifikant besser, die weiblichen Tiere der 2. Generation ausgenommen. Nach 180 Tagen war die Überlegenheit der Kostform U_2 über die Kostform P_2 statistisch nicht zu sichern. Das Wachstum der Ratten mit der Grundkost war, wie nicht anders zu erwarten, dem der Tiere mit den Rationen U_2 und P_2 gegenüber in allen Fällen signifikant schlechter. Bemerkenswert ist, daß die Futteraufnahme in den Gruppen U_2 und P_2, soweit festgestellt, in keinem Fall signifikant unterschiedlich ist, die der Gruppe G liegt allerdings in einigen Fällen statistisch gesichert unter dem Futterverzehr dieser beiden Gruppen. *In Übereinstimmung mit dem Ergebnis des Versuches I zeigt somit auch dieser Ergänzungsversuch, daß das Eiweiß der Uteri dem des Pferdefleisches in seiner Wertigkeit für das Wachstum von Ratten mindestens gleichkommt.*

Die bei den Ratten der Kostformen U_2 und P_2 beobachteten durchschnittlichen Zeitspannen vom Beginn der Paarung bis zum Werfen und die Zahl der von den Ratten der 1. und 2. Generation dieser Kostformen geworfenen Jungtiere unterschieden sich nur unwesentlich (vgl. Tab. 8). Hingegen war die Zahl der bis zum Alter von 4 Wochen aufgezogenen Jungtiere bei der Kostform P_2, das durchschnittliche 4-Wochengewicht aber bei der Kostform U_2 ausnahmslos höher. Die trotz der weit späteren Paarung der Ratten bestehende Unterwertigkeit der Kostform G für die Fortpflanzung gegenüber den Kostformen U_2 und P_2 kommt deutlich in den niedrigeren Wurfzahlen, der geringeren Zahl der insbesondere in der 2. Generation bis zum Alter von 4 Wochen aufgezogenen Jungtiere und dem niedrigen durchschnittlichen 4-Wochengewicht zum Ausdruck. *Der Ergänzungswert des Eiweißes der Uteri und des Pferdefleisches für die Fortpflanzung von Ratten dürfte unter den gewählten Versuchsbedingungen etwa auf gleicher Höhe liegen.*

Versuch III

Daß Muskelfleisch keine vollwertige Nahrung darstellt, ist eine längst bekannte Tatsache, ja SCHEUNERT und BISCHOFF [8] konnten zeigen, daß marktgängiges Rindfleisch (Kammstück) selbst nach Ergänzung mit Vitaminen und Mineralstoffen nicht als vollwertige Nahrung für Ratten anzusprechen ist. Zwar war dann das Wachstum der Tiere als normal zu bezeichnen, doch wurden die erhaltenen Würfe mit geringen Ausnahmen nicht großgezogen. Wenn wir es trotzdem unternahmen, den Nährwert der Uteri von Schweinen und Pferdefleisch als alleiniger Nahrung im Rattenversuch zu vergleichen, dann deshalb, weil in einem Vorversuch einige Ratten bei ausschließlicher Ernährung mit gekochten Uteri sehr gutes Wachstum zeigten. Hinzu kam, daß sich das Eiweiß der Uteri in den beiden bisher beschriebenen Versuchen in seiner Wertigkeit der des Pferdefleisches, wenigstens für das Wachstum von Ratten, etwas überlegen gezeigt hatte.

Der Versuch sollte wie Versuch II zwecks Erfassung erst spät in Erscheinung tretender Mängel wieder über 3 Generationen durchgeführt werden. Um gleichzeitig den Einfluß der Hormone der den Uteri anhängenden Ovarien auf Wachstum und Fortpflanzung von Ratten zu prüfen, wurden 2 Gruppen zu je 8 Pär-

Tabelle 8

Generation	Wurf	Ration G: Zahl der geworfenen Jungen	Ration G: Zahl der bis mind. 4 Wo. aufgezogenen Jungen abs.	Ration G: Zahl der bis mind. 4 Wo. aufgezogenen Jungen %	Ration G: ∅ 4 Wochengew. in g	Ration G: ∅ Paarungszeit bis zum Werfen in Tagen	Ration U_2: Zahl der geworfenen Jungen	Ration U_2: Zahl der bis mind. 4 Wo. aufgezogenen Jungen abs.	Ration U_2: Zahl der bis mind. 4 Wo. aufgezogenen Jungen %	Ration U_2: ∅ 4 Wochengew. in g	Ration U_2: ∅ Paarungszeit bis zum Werfen in Tagen	Ration P_2: Zahl der geworfenen Jungen	Ration P_2: Zahl der bis mind. 4 Wo. aufgezogenen Jungen abs.	Ration P_2: Zahl der bis mind. 4 Wo. aufgezogenen Jungen %	Ration P_2: ∅ 4 Wochengew. in g	Ration P_2: ∅ Paarungszeit bis zum Werfen in Tagen
1.	1.	64 x_2	35	55	20,9	61,3	95	85	90	31,5	39,7	89	87	98	26,6	40,9
	2.	37 x_2	27	73	20,1	22,0	89	79	89	26,4	29,6	87	82	94	24,3	24,3
	3.	12 x_2	12	100	15,6	25,0	—x_1	—	—	—	—	—	—	—	—	—
2.	1.	33 x_2	10	30	17,3	32,2	69	52	75	37,7	34,0	72	65	90	30,9	33,1
	2.	27 x_2	4	15	19,3	27,0	—	—	—	—	—	—	—	—	—	—
	3.	13 x_2	0	0	0	27,3	—	—	—	—	—	—	—	—	—	—
	4.	?	0	0	0	25,0	—	—	—	—	—	—	—	—	—	—

x_1 = die Tiere wurden nicht wieder gepaart.

x_2 da die Jungen z. T. oft kurz nach der Geburt gefressen wurden, müssen die Zahlen mit ? versehen werden.

chen angesetzt, von denen die eine als alleinige Nahrung Uteri mit (Ration U_3), die andere ohne Ovarien (Ration U_4) erhielt. Eine 3. Gruppe zu 8 Pärchen bekam ausschließlich Pferdefleisch (Ration P_3). Uteri und Pferdefleisch wurden wieder in gekochtem Zustand nach feiner Zerkleinerung im Fleischwolf, diesmal ad libitum, verabreicht. Das Ansatzgewicht der Jungratten schwankte zwischen 46 und 57 g. Die Haltung der Tiere entsprach der in den Versuchen I und II. Im Alter von 90 Tagen wurden die Ratten gepaart. Wenn auch nach den Ergebnissen von Vorversuchen bei ausschließlicher Ernährung mit Uteri deren Vitamingehalt für das Wachstum von Ratten völlig ausreichend war, konnte er doch für die besonderen Ansprüche der Fortpflanzung ungenügend sein. Es erhielten deshalb immer je 2 Pärchen, abgesehen von der auf Tab. 11 angegebenen Ausnahme, eine Zulage von Vitamin A, von Vitamin B_1 bzw. von Vitamin $A + B_1$; 2 Pärchen dienten als Kontrolle.

Vitamin A wurde in der Menge von 1 Tropfen des Vitamin-A-Konzentrates des VEB Arzneimittelwerks Dresden, das in 30 Tropfen 50 000 IE enthält, je Ratte per os mit der Pipette verabreicht, Vitamin B_1 in der Menge von 12 γ (in 0,5 ml Aqua dest. gelöst) je Tier dem Futter aufgeträufelt. Die Vitaminbeigabe blieb nach einmal erfolgter Paarung bei den Tieren der 1. und 2. Generation bis Versuchsende bestehen. Die Ratten der 3. Generation, die nicht gepaart wurden, erhielten keine Vitaminzulagen. Bei den Pferdefleischtieren wurde entsprechend verfahren, allerdings gelang es bei diesen nicht, wie vorausgenommen sei, eine 2. Generation zu erzielen.

Es sei hier erwähnt, daß sich je 8 bzw. 9 junge, wachsende Ratten (Ansatzgewicht 50 bis 55 g) bei ausschließlicher Ernährung mit Uteri bei röntgenologischer Untersuchung nach 14 bzw. 28 Tagen als rachitisfrei erwiesen. Ob dieses Ergebnis auf einem Gehalt an Vitamin D_3 oder auf dem hohen Mineralstoffgehalt der Uteri beruht, wurde nicht besonders geprüft und muß somit dahingestellt bleiben. Von 9 bzw. 10 ausschließlich mit Pferdefleisch gefütterten jungen, wachsenden Ratten mit einem Anfangsgewicht von 45 bis 54 g zeigten dagegen nach 14 Tagen 6, nach 28 Tagen aber sämtliche leichte Rachitis (vgl. Tab. 9).

Tabelle 9

	Versuchsdauer Tage	Zahl der Versuchs-Tiere	Während des Vers. †	Ungenüg. Zunahme (unter 5 g)	Ergebnis der röntgenologischen Untersuchung: Keine Rachitis	?	rachitisch
Uteri	14	10	2	—	8	—	—
	28	10	1	—	9	—	—
Pferdefleisch	14	10	—	1	3	3	3
	28	10	—	—	—	8	8

? gilt nach der von SCHEUNERT u. SCHIEBLICH [9] aufgestellten Wertbestimmungsmethode als nicht vor Rachitis geschützt.

Tabelle 10

Generation	Geschl.	Zunahme in g						Futteraufnahme in g					
		28 Tage			180 Tage			28 Tage			180 Tage		
		Ration U_3	Ration U_4	Ration P_3	Ration U_3	Ration U_4	Ration P_3	Ration U_3	Ration U_4	Ration P_3	Ration U_3	Ration U_4	Ration P_3
1.	♂	(10) 54,8	(7) 52,0	(11) 31,7	(8) 249,0	(7) 247,0	(8) 101,5	(10) 1118,7	(7) 1092,0	(11) 546,3	—	—	—
	♀	(10) 51,8	(8) 41,9	(11) 24,2	—	—	—	(10) 1098,0	(7) 1039,5	(11) 522,3	—	—	—
2.	♂	(8) 52,4	(8) 53,3	—	(8) 229,6	(8) 225,3	—	(8) 1120,3	(8) 1132,6	—	—	—	—
	♀	(8) 50,9	(8) 45,6	—	—	—	—	(8) 1107,8	(8) 1112,1	—	—	—	—
3.	♂	(7) 54,6	(7) 56,6	—	(7) 200,6	(14) 224,5	—	(7) 1139,3	(7) 1141,7	—	(7) 13 114,5	(14) 12 857,4	—
	♀	(12) 56,0	(12) 50,4	—	(12) 226,1	(14) 168,6	—	(12) 1137,5	(12) 1098,8	—	(12) 11 775,1	(14) 11 605,2	—

Eingeklammerte Zahlen: Anzahl der Versuchstiere

Das Wachstum sämtlicher Ratten mit den Rationen U_3 und U_4 wurde wieder bis zum 28., das der männlichen Tiere bis zum 180. Versuchstag verglichen, bis zum 180. Tage ebenfalls das Wachstum der weiblichen Ratten der 3. Generation. Ein Vergleich des Wachstums der Ratten der Ration P_3 mit dem der Ratten der Ration U_3 und U_4 war nur für die 1. Generation möglich, da bei alleiniger Fütterung mit Pferdefleisch, wie bereits erwähnt, eine 2. Generation nicht erzielt werden konnte.

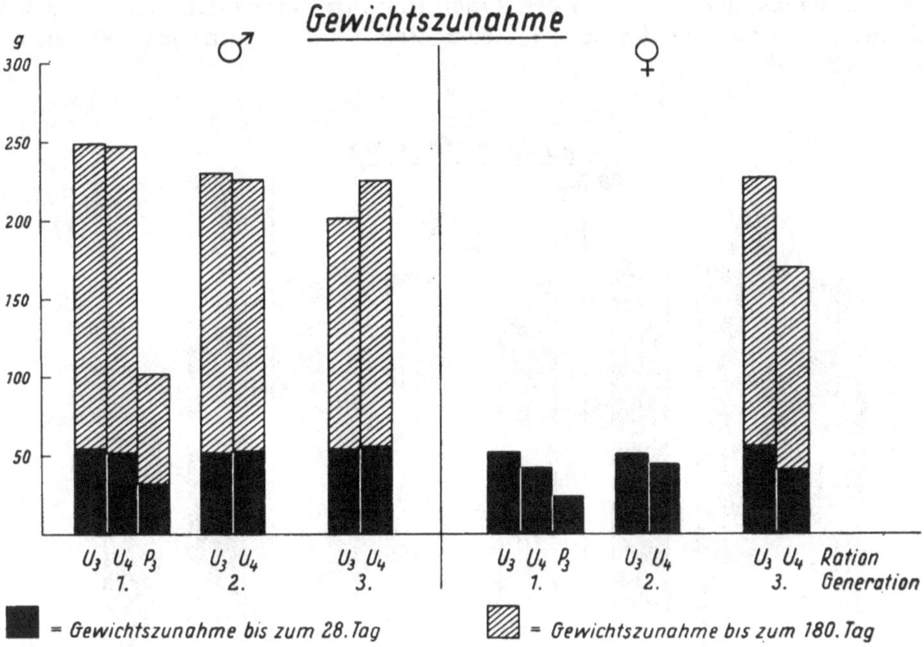

Abb. 2

Tab. 10 und Abb. 2 zeigen, daß das Wachstum der männlichen Ratten mit der Ration U_3 (Uteri mit Ovarien) und U_4 (Uteri ohne Ovarien) in allen Generationen bis zum 28. Versuchstag praktisch gleich groß war. Die weiblichen Ratten mit der Ration U_4 blieben hingegen durchweg hinter den mit der Ration U_3 etwas zurück, doch konnte dieser Unterschied statistisch nicht gesichert werden. Auch die Auswertung der Gewichtszunahmen der männlichen Tiere der Gruppen U_3 und U_4 bis zum 180. Versuchstag ergab keine signifikanten Wachstumsdifferenzen. Daß die Gewichtszunahmen der männlichen Ratten mit Ration U_3 nach 180 Tagen von der 1. zur 3. Generation signifikant abnehmen, ist wohl als Zufallsbefund zu werten, zumal das gute Wachstum der weiblichen Ratten der 3. Generation bis zum 180. Versuchstag in diesem Sinne spricht. Die Gewichtszunahmen der weiblichen Tiere der 3. Generation mit Ration U_4 waren nach 180 Tagen signifikant geringer als diejenigen der weiblichen Ratten mit Ration U_3. Es könnte dies für die bekannte wachstumsfördernde Wirkung der in Ration U_3 enthaltenen Oestrogene sprechen.

Das Wachstum der männlichen Ratten mit Ration P_3 (Pferdefleisch) bis zum 28. und 180. und das der weiblichen Ratten mit dieser Ration bis zum 28. Versuchstag war signifikant schlechter als das der entsprechenden Tiere mit den Rationen U_3 und U_4.

Da die Zugabe der Vitamine A und B_1 zu den Kostformen U_3 und U_4 den Kontrollen gegenüber keine Steigerung der Gewichtszunahmen bewirkte, kann angenommen werden, daß der Gehalt der Uteri an diesen beiden Vitaminen für das Wachstum völlig ausreichend ist. Da auch die an sich viel zu geringe Gewichtszunahme der Ratten mit der Ration P_3 durch Zugabe der Vitamine A und B_1 nicht verbessert werden konnte, stellen diese Vitamine nicht den beschränkenden Faktor dar.

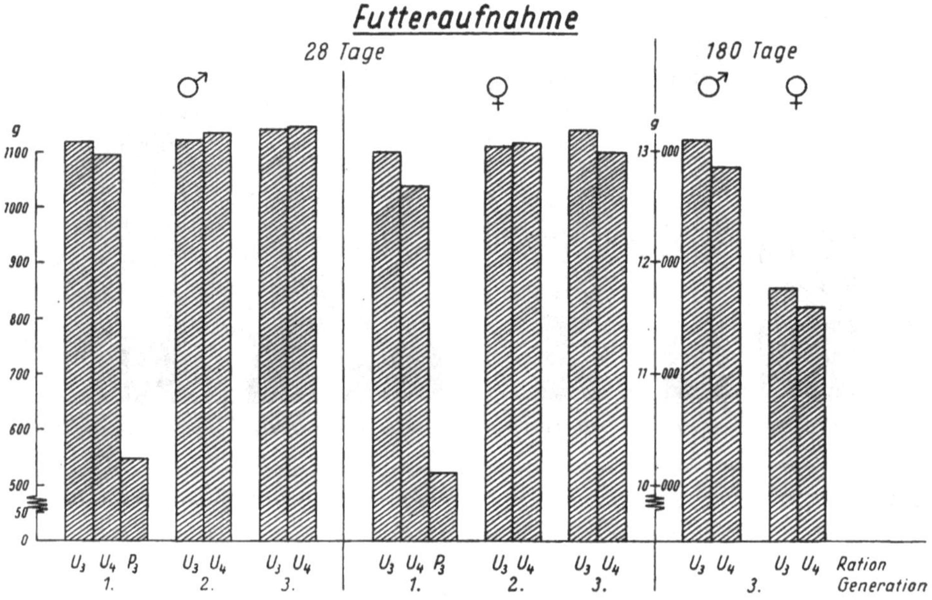

Abb. 3

In der Futteraufnahme (vgl. Tab. 10 u. Abb. 3) ergaben sich bei den männlichen Ratten aller Generationen mit den Rationen U_3 und U_4 bis zum 28. Versuchstag keine statistisch zu sichernden Unterschiede. Das gleiche gilt für die weiblichen Ratten der 2. Generation bis zum 28. Tag und die männlichen und weiblichen Tiere der 3. Generation bis zum 180. Versuchstag. Lediglich bei den weiblichen Ratten der 1. und 3. Generation lag die von der Ration U_4 bis zum 28. Versuchstag aufgenommene Menge signifikant unter der von der Ration U_3 verzehrten. Die von den ausschließlich mit Pferdefleisch (Ration P_3) ernährten Ratten bis zum 28. Versuchstag aufgenommene Futtermenge war zwar weit geringer als bei den Ratten mit den Rationen U_3 und U_4, doch lag die darin enthaltene Eiweißmenge gegenüber der von den Ratten dieser Rationen mit ihrem Futter verzehrten signifikant höher!

Tabelle 11

Generation	Vit.-Gaben	Ration U_3				Ration U_4				Ration P_3			
		Zahl der Würfe	Zahl der mind. 4 Wo. aufgezog. Jungen	Ø 4 Wochen-gewicht in g	Ø Paarungszeit bis zum Werfen in Tagen	Zahl der Würfe	Zahl der mind. 4 Wo. aufgezog. Jungen	Ø 4 Wochen-gewicht in g	Ø Paarungszeit bis zum Werfen in Tagen	Zahl der Würfe	Zahl der mind. 4 Wo. aufgezog. Jungen	Ø 4 Wochen-gewicht in g	Ø Paarungszeit bis zum Werfen in Tagen
1.	A	5	19	17,3	26,8	4	13	20,2	24,3	1	0	—	99
	B_1	5	11	14,4	25,2	x_2 1	11	15,0	23,0	1	0	—	28
	$A + B_1$	5	28	17,8	23,6	x_1 1	8	15,4	24,0	1	0	—	27
	x_3 Kontr.	3	8	21,8	27,0	4	6	30,8	56,0	0	—	—	—
2.	A	6	5	21,0	24,5	2	20	10,4	27,5	—	—	—	—
	B_1	3	7	28,0	34,7	2	13	20,5	52,5	—	—	—	—
	$A + B_1$	2	20	14,1	25,5	3	11	22,6	39,0	—	—	—	—
	x_3 Kontr.	3	0	—	24,3	0	—	—	—	—	—	—	—

Jeweils 2 Pärchen erhielten gleiches Futter und gleiche Vitamingaben mit Ausnahme von x_1 (Ration U_4 mit $A + B_1$), ein ♂ vor der Paarung gestorben und von x_2 (Ration U_4 mit B_1), ein ♀ beim ersten Werfen gestorben.
x_3 = Eines der beiden Pärchen hat nie geworfen.

Die in Tab. 11 niedergelegten Ergebnisse des Fortpflanzungsversuches zeigen, daß sich das Mitverfüttern der Ovarien nicht nachteilig ausgewirkt hat und lassen weiter deutlich den günstigen Einfluß der Vitaminzulagen auf das Fortpflanzungsvermögen erkennen. Während bei sämtlichen Vitamingruppen der Rationen U_3 und U_4 eine 3. Generation erhalten wurde, blieben die Kontrolltiere der 2. Generation der gleichen Rationen steril, ein Pärchen mit der Ration U_3 ausgenommen, das jedoch keines derJungtiere aufzuziehen vermochte. Die Zahl der geworfenen Jungtiere und der prozentuale Anteil der bis zum Alter von 4 Wochen aufgezogenen wurde nicht angegeben, weil es nicht zu vermeiden war, daß des öfteren Jungtiere noch vor der genauen Feststellung der Wurfgröße gefressen werden.

Ganz anders als die Ratten mit den Rationen U_3 und U_4 verhielten sich die Tiere mit Ration P_3. Zwar wurde von je 1 Pärchen der 3 Gruppen mit Vitaminzulagen je 1 Wurf gebracht, doch wurden die Jungtiere entweder tot geboren oder waren nicht lebensfähig, sondern starben nach wenigen Stunden. Es war somit bei reiner Pferdefleischernährung nicht möglich, eine 2. Generation zu erhalten.

Hatte sich bereits beim Wachstumsversuch bei ausschließlicher Ernährung von Ratten mit Uteri bzw. Pferdefleisch eine deutliche Überlegenheit des Gesamtnährwertes der ersteren ergeben, so wird diese Überlegenheit durch den Verlauf des Fortpflanzungsversuches besonders augenfällig.

Die Ergebnisse der 3 Versuchsreihen zeigen zusammenfassend betrachtet, daß die Uteri der Schweine ein wertvolles tierisches Futtermittel darstellen. Begrüßenswert ist daher, daß die Uteri z. T. von den Schlachthöfen in gekochtem Zustand als Futter für Hunde und Pelztiere abgegeben werden. Es muß jedoch angestrebt werden, gesunde Uteri restlos für die tierische Ernährung zu erfassen. Auf keinen Fall ist es zu verantworten, daß gesunde Uteri in die Konfiskatbehälter wandern, um bei der Verarbeitung zu Tierkörpermehl in den Tierkörperbeseitigungsanstalten durch Anwendung hoher Hitzegrade eine Denaturierung zu erfahren. Die leichte Verderblichkeit gekochter Uteri macht einen baldigen Verbrauch oder das Vorhandensein geeigneter Kühleinrichtungen erforderlich.

Zusammenfassung

In langdauernden Fütterungsversuchen an weißen Ratten wurde der Nährwert der Uteri mit Adnexen (Tuben, Ovarien und Ligg. lata) von Schweinen mit dem des Pferdefleisches verglichen. Analysen zeigten, daß die Uteri praktisch doppelt so viel Wasser enthalten wie das Pferdefleisch. Auf Trockensubstanz bezogen, sind sie reicher an Asche, dagegen ärmer an Rohprotein und verdaulichem Rohprotein als dieses.

Fütterungsversuche an Ratten, in denen die Uteri bzw. das Pferdefleisch einmal einer synthetischen, eiweißfreien Kostform zugefügt und zum anderen Male der Ergänzungswert bei Zugabe zu einer in bezug auf ihren Eiweißgehalt unterwertigen, vegetabilischen Ration geprüft wurde, führten zu folgenden Ergebnissen: 1. Das Eiweiß der Uteri kommt dem des Pferdefleisches in seiner Wertigkeit für das Wachstum von Ratten zumindest gleich. 2. Der Ergänzungswert des Eiweißes der Uteri und des Pferdefleisches für die Fortpflanzung von Ratten liegt etwa auf gleicher Höhe. Der Ergänzungsversuch wurde über 3 Generationen fortgeführt.

Ein 3. Fütterungsversuch, in dem die Ratten als alleinige Nahrung Uteri bzw. Pferdefleisch erhielten, ergab folgendes: 1. Das Wachstum der mit Pferdefleisch gefütterten Ratten war signifikant schlechter als das der mit Uteri ernährten Ratten. 2. Da die Zugabe der Viamine A und B_1 das Wachstum der Pferdefleischratten nicht verbesserte, stellen diese Vitamine nicht den beschränkenden Faktor dar. 3. Ausschließliche Fütterung wachsender Ratten mit Uteri gewährte völligen Schutz vor Rachitis; bei alleiniger Fütterung mit Pferdefleisch trat hingegen leichte Rachitis auf. 4. Bei Ernährung mit Uteri gelang es, eine 2., jedoch nicht eine 3. Generation zu erzielen, doch war dies bei Zugabe der Vitamine A und B_1 möglich. 5. Das Mitverfüttern der Ovarien wirkte sich auf das Wachstum eher günstig, auf das Fortpflanzungsergebnis keineswegs nachteilig aus. 6. Bei Ernährung mit Pferdefleisch gebaren die Ratten bei Zulage der Vitamine A und B_1, wenn überhaupt, nur tote oder nicht lebensfähige Jungtiere, so daß es nicht gelang, eine 2. Generation zu erhalten.

Die Uteri stellen somit ein wertvolles Futtermittel dar, das es verdient, ohne vorherige Denaturierung durch hohe Hitzegrade restlos der tierischen Ernährung zugeführt zu werden.

Literaturverzeichnis

[1] Handbuch der landwirtschaftlichen Versuchs- und Untersuchungsmethoden (Methodenbuch) hrsgeg. von Dr. Rudolf Herrmann, Neumann Verlag, Radebeul u. Berlin 1951, Bd. III, S. 15 ff.

[2] PARNAS, J. K.: Über die Ausführung der Stickstoffbestimmung nach Kjeldahl in der Modifikation von Parnas u. Wagner. Z. anal. Chem. **114**, 261—275, 1938.

[3] SCHALL, H.: Nahrungsmitteltabelle. Joh. Ambrosius Barth, Leipzig 1939.

[4] SCHEUNERT, A., u. C. VENUS: Über den Nährwert des Muskelfleisches für Wachstum und Fortpflanzung. Biochem. Zschr. **252**, 231, 1932.

[5] SCHIEBLICH, M.: Futtermischungen f. d. Nachweis von Vitaminen im Tierversuch und biologische Vitamin-Einheiten. Tabulae biol. period. II, 281—291, 1932.

[6] STEPP, W., J. KÜHNAU u. H. SCHROEDER: Die Vitamine und ihre klinische Anwendung. 7. Aufl., Stuttgart, Ferdinand Enke Verlag, 1957, 2. Bd., S. 891.

[7] SLONAKER, J. R.: The effect of different per cents of protein in the diet. I. Growth. Amer. J. Physiol. **96**, 547—556, 1931; IV. Reproduct. Ibid. **97**, 322—328, 1931; V. The offspring. Ibid. **97**, 573—580, 1931.

[8] SCHEUNERT, A., u. H. BISCHOFF: Über den Nährwert reiner Fleischkost, hergestellt aus rohem, gekochtem und autoklaviertem Muskelfleisch bei Ratten. Biochem. Zschr. **219**, 186—197, 1930.

[9] SCHEUNERT, A., u. M. SCHIEBLICH: Zur Wertbestimmung von Vitamin D-Präparaten. Biochem. Zschr. **209**, 290—303, 1929.

Eingegangen am 23. 1. 1961

Aus dem Institut für Tierernährung der Landwirtschaftlichen Hochschule Hohenheim
(Direktor: Prof. Dr. Dr. Dr. h. c. W. WÖHLBIER)
und dem Institut für Tierernährung der Technischen Hochschule München in Weihenstephan

M. KIRCHGESSNER und W. OELSCHLÄGER

Der Einfluß verschiedener Zinksulfat-Zulagen auf die Retention von Mengen- und Spurenelementen bei wachsenden Schweinen

Im Zusammenhang mit der Parakeratose wird immer wieder auf die Wechselbeziehung zwischen Zn und Ca hingewiesen [1-9]. Dabei folgerte man zum Teil, daß erhöhte Ca-Gaben die Zn-Resorption bzw. -Retention hemmen. In einem früheren Stoffwechselversuch [10] stellten wir jedoch fest, daß durch Ca-Zulagen die Zn-Retention erhöht wird. Dieser erhöhte Zn-Ansatz war mit einer verminderten Zn-Ausscheidung im Harn verbunden; dies bewies, daß das Abhängigkeitsverhältnis zwischen Ca und Zn nicht im Magen-Darmtrakt zustande kommt. Dies deckt sich völlig mit den Versuchsergebnissen von LEWIS u. Mitarbeitern [3, 8, 11], die fanden, daß sich bei erhöhtem Ca-Gehalt der Futterration der Zn-Gehalt der Leber, Niere und Haare erhöhte.

Bislang blieb aber die Frage offen, welchen Einfluß eine Zinksulfat-Zulage zu der Futterration auf die Retention der Mengen- und Spurenelemente ausübt. Bei Versuchen von HANSARD u. Mitarbeitern [12] mit wachsenden Schafen ergab sich eine verminderte Ca- und P-Retention, wenn dem Futter zusätzlich 1,0% Zinksulfat beigemischt wurde. Dagegen fanden WHITING und BEZEAU [13] in Versuchen an Schweinen, daß eine Zn-Zulage die Ca-Retention erhöhte, die P-Retention dagegen nicht beeinflußte.

In einer Reihe von Stoffwechselversuchen prüften wir deshalb bei wachsenden Schweinen den Einfluß verschieden großer Zinksulfat-Zulagen auf die Retention der Mengenelemente N, Si, P, Ca, Mg, K, Na, Cl, S und der Spurenelemente Fe, Mn, Al, Zn, Cu, Ni, Co und Cr.

Versuchsanstellung

In drei Gruppen wurden je 4 männliche kastrierte Schweine (schwäbisch-hällische Rasse), die aus 4 Würfen stammten, in Form der Getreideschnellmast, eingeteilt in Anfangs- (= A), Mittel- (= M) und Endmast (= E), von $21{,}9 \pm 1{,}4$ — $96{,}2 \pm 4{,}1$ kg in Einzelbuchten gemästet. Bei einem durchschnittlichen Gewicht der Tiere von $33{,}6 \pm 1{,}7$ (A), $59{,}3 \pm 2{,}2$ (M) und $82{,}3 \pm 2{,}6$ kg (E) wurden mit jedem Tier Bilanzversuche durchgeführt. Die Hauptperiode wie auch die Vorperiode jeder dieser Stoffwechselversuche dauerte je 10 Tage. Während dieser Zeit (Vor- und Hauptperiode) erhielten die Tiere täglich eine konstante Futtermenge, und zwar in der Stoffwechselversuchsreihe A 1296 g, in Reihe M 1898 g und in Reihe E 2370 g, jeweils auf absolute Trockensubstanz umgerechnet. Die täglich verabreichten Wassermengen betrugen 3,0; 4,4 und 5,5 kg je Tier.

Die verschiedenen Futtermischungen wurden in Anlehnung an die DLG-Standards zusammengestellt. Die prozentuale Zusammensetzung entspricht einem früheren Versuch [10]. Die Gehalte an Nährstoffen, Mengen- und Spurenelementen der verschiedenen Fertigfutter sowie des Tränkwassers sind in Tabelle 1–3 aufgezeigt. Das Ca:P-Verhältnis war in allen Futtermischungen durch $CaCO_3$-Zulagen auf 1 : 0,9 eingestellt. Die Zinksulfat-Zulage wurde so bemessen, daß der

Tabelle 1. *Der Nährstoffgehalt der verschiedenen Futtermischungen* in g je 1000 g abs. Trockensubstanz

	Rohnährstoffe			verdauliche Nährstoffe					GNSt
	Org. Subst.	Roh-prot.	Rein-eiweiß	Trock. Subst.	Org. Subst.	Roh-prot.	Rein-eiweiß	N-fr. Extr.	
Anfangsmast	953	221	207	815	795	189	175	572	825
Mittelmast	956	179	167	803	784	151	139	601	812
Endmast	958	144	134	782	769	117	107	624	797

Tabelle 2. *Der Gehalt der verschiedenen Futtermischungen an Mengenelementen* bezogen auf 1000 g abs. Trockensubstanz

	Si g	P g	Ca g	Mg g	K g	Na g	Cl g	S g
Anfangsmast	2,36	7,77	8,42	2,1	9,09	1,18	3,24	3,07
Mittelmast	2,43	7,33	8,14	2,3	8,82	0,79	2,63	2,57
Endmast	2,49	7,11	7,91	2,5	8,56	0,45	2,15	2,17
Wasser je (100 l)	0,34	0,001	11,8	1,23	0,14	0,53	0,93	1,23

Tabelle 3. *Der Gehalt der verschiedenen Futtermischungen an Spurenelementen* bezogen auf 1000 g abs. Trockensubstanz

	Fe mg	Mn mg	Al mg	Zn mg	Cu mg	Ni mg	Co µg	Cr µg
Anfangsmast	211	34	175	57	7,3	1,21	83	248
Mittelmast	210	41	166	55	7,3	0,93	68	245
Endmast	208	48	154	53	7,5	0,68	54	238
Wasser (je 100 l)	7	0,3	6	224	2,1	0,09	7	45

Zn-Gehalt des Futters der Gruppe II um 42% und der der Gruppe III um 84% höher war als der Zn-Gehalt des Grundfutters (Gruppe I); der S-Gehalt stieg dadurch in Gruppe II nur um 0,45% und in Gruppe III um 0,9%. Je kg Futter wurden demnach im Durchschnitt 88 mg $ZnSO_4 \cdot 7H_2O$ (Gruppe II) und 176 mg (Gruppe III) zugelegt. Die in 100 g absolut trockenem Futter – jeweils bei Gruppe II und III – enthaltene Zn-Menge betrug in der Periode A 8,2 mg und 10,6 mg, in der Periode M 7,8 und 10,0 mg und in der Periode E 7,5 und 9,8 mg Zn. Die aufgenommene Menge der übrigen Elemente war in den einzelnen Stoffwechselperioden bei allen Gruppen gleich. Die Bilanzversuchsreihen wurden in PVC- (= Polyvinylchlorid) Kästen durchgeführt (siehe [10]). Die Haltung und Fütterungstechnik sowie Gewinnung und Aufbereitung von Kot und Harn entsprachen der von WÖHLBIER [14] beschriebenen Versuchsmethodik.

Die Gehalte von Futter, Kot und Harn an Mengen- und Spurenelementen wurden nach den von OELSCHLÄGER [15] beschriebenen chemisch-analytischen Untersuchungsmethoden ermittelt. Die mathematisch-statistische Auswertung erfolgte nach LINDER [16] und SNEDECOR [17]. Die in der Arbeit angeführten ±-Werte stellen die jeweilige Standardabweichung der Einzelwerte dar.

Der Einfluß von Zinksulfat-Zulagen auf Wachstum, Futterverwertung und N-Retention

Eine Zinksulfat-Zulage dient ja entweder prophylaktisch oder therapeutisch der Parakeratose-Behandlung. Damit wird auch das Wachstum normalisiert, sofern der Zn-Gehalt des Futters unter dem Schwellenwert liegt. Wir untersuchten jedoch die Abhängigkeitsverhältnisse beim gesunden Tier. Für die Vergleichsgruppe (Gruppe I) verwendeten wir deshalb ein Futter, dessen Zn-Gehalt mit durchschnittlich 4,7 mg je 100 g Futter das Auftreten von Parakeratose ausschloß (nach Zusammenstellung über das Auftreten von Parakeratose [18]). Ein Einfluß auf Wachstum und Futterverwertung war danach nicht zu erwarten und trat auch nicht auf. Die durchschnittlichen täglichen Zunahmen betrugen im gesamten Versuch 619 ± 40 g in Gruppe I, 602 ± 23 g in Gruppe II und 637 ± 5 g in Gruppe III. Auch die Gewichtszunahmen in den einzelnen Dekaden und Mastabschnitten zeigten keinerlei gesicherte Unterschiede. Bemerkenswert war, daß die durchschnittlichen Zunahmen in den Stoffwechselkästen während der Versuche A, M und E mit täglich 528, 583 und 615 g den Zunahmen in den Einzelbuchten nur geringfügig nachstanden.

Der Futterverbrauch (in abs. Trockensubstanz) je 1 kg Zunahme betrug im Gesamtversuch 3297 ± 155 g in Gruppe I, 3367 ± 89 g in Gruppe II und 3331 ± 140 g in Gruppe III. Die Zinksulfat-Zulage hatte demnach keinen Einfluß auf die Futterverwertung gehabt. Ebenfalls war auch beim täglichen N-Ansatz in den einzelnen Mastabschnitten kein Einfluß der Zinksulfat-Zulagen festzustellen (Tab. 4).

Tabelle 4. *Der durchschnittliche tägliche N-Ansatz in den einzelnen Versuchsabschnitten in g*

	Gruppe I	Gruppe II	Gruppe III
Anfangsmast	19,5 ± 1,4	20,0 ± 2,9	17,9 ± 1,0
Mittelmast	22,9 ± 1,8	23,3 ± 3,1	21,5 ± 1,4
Endmast	20,4 ± 2,2	21,5 ± 1,4	20,5 ± 0,6

Der Einfluß von Zinksulfat-Zulagen auf die Zn- und S-Retention

Zunächst soll der Einfluß der Zinksulfat-Zulagen auf die Zn- und S-Retention aufgezeigt werden. In Tabelle 5 ist die durchschnittliche tägliche Retention an Zn und S bei den einzelnen Gruppen zusammengestellt. Insgesamt betrachtet hatte Gruppe III im Vergleich zu Gruppe I eine gesichert erhöhte Zn-Retention. Besonders in der Anfangsmast wurden in Gruppe III 25% Zn mehr retiniert als in Gruppe I. Dies entspricht jedoch nur 10,2% des zugelegten Zn. In der Mittelmast belief sich die Erhöhung noch auf 15,4% und in der Endmast nur auf 6,1%; dies entsprach 4,7% bzw. 2,1% des zugelegten Zn. Bei Gruppe II war nur in der Anfangsmast im Vergleich zu Gruppe I eine um 6,6% erhöhte Retention festzustellen. Im Vergleich zu Gruppe III war die Ausnutzung des zugelegten Zn in Gruppe II auffallend schlechter; so sind in der Anfangsmast nur 5,4% des zugelegten Zn vom Tier angesetzt worden.

Tabelle 5. *Die durchschnittliche tägliche Retention an Zn und S*

	Gruppe I	Gruppe II	Gruppe III
Zn mg			
Anfangsmast	25,6 ± 1,6	27,3 ± 2,8	32,0 ± 2,4
Mittelmast	26,6 ± 3,6	22,2 ± 3,0	30,7 ± 7,3
Endmast	36,1 ± 5,7	33,1 ± 7,5	38,3 ± 14,3
S g			
Anfangsmast	1,50 ± 0,14	1,49 ± 0,18	1,38 ± 0,10
Mittelmast	1,85 ± 0,10	1,72 ± 0,09	1,76 ± 0,18
Endmast	1,70 ± 0,21	1,55 ± 0,14	1,69 ± 0,14

Der größte Teil des zugelegten Zn wurde also mit dem Kot wieder ausgeschieden. Selbst im Harn schieden die Tiere mit Zinksulfat-Zulage mehr Zn aus. Der P-Wahrscheinlichkeitswert lag für alle Versuchsperioden $< 0{,}05$, obwohl die mehr ausgeschiedene Menge, gemessen an der Gesamtausscheidung, sehr klein war. S wurde im Gegensatz zu Zn von den Tieren mit Zinksulfat-Zulagen nicht in höherem Maße retiniert. Dies entsprach den Erwartungen, da die S-Zulage in allen Fällen weniger als 1% des bereits im Futter vorhandenen S betrug. Der in Gruppe II und III mehr zugeführte S wurde mit dem Kot ausgeschieden (Tabelle 6).

Der Einfluß von Zinksulfat-Zulagen auf die Retention von Mengenelementen

Der größte Teil der Zulage an Zinksulfat wurde also vom Tier wahrscheinlich gar nicht resorbiert. Nur in Gruppe III war ein markanter Anstieg der Zn-Retention, besonders während der Anfangs- und Mittelmast, zu verzeichnen. Dies dürfte für die Interpretation etwa vorhandener Abhängigkeitsverhältnisse zwi-

Tabelle 6. *Durchschnittliche tägliche Ausscheidung an Zn und S mit Kot und Harn*

Gruppe	I	II	III	I	II	III
	mg Zn im Kot			mg Zn im Harn		
A	54,3 ± 1,8	83,5 ± 3,2	110,2 ± 2,3	1,2 ± 0,2	1,7 ± 0,6	1,8 ± 0,6
M	85,2 ± 3,6	132,1 ± 3,0	167,0 ± 6,5	1,7 ± 0,5	2,7 ± 0,6	2,8 ± 0,9
E	100,1 ± 6,0	154,8 ± 7,6	202,2 ± 14,1	2,1 ± 0,4	3,2 ± 0,8	3,3 ± 0,8
	g S im Kot			g S im Harn		
A	1,04 ± 0,05	1,12 ± 0,03	1,15 ± 0,04	1,47 ± 0,13	1,43 ± 0,19	1,51 ± 0,09
M	1,41 ± 0,05	1,55 ± 0,10	1,56 ± 0,10	1,68 ± 0,14	1,68 ± 0,15	1,65 ± 0,09
E	1,80 ± 0,19	1,99 ± 0,24	1,87 ± 0,15	1,72 ± 0,09	1,70 ± 0,13	1,71 ± 0,04

schen der Zinksulfat-Zulage und der scheinbaren Resorption und ganz besonders der Retention verschiedener Elemente von Interesse sein. In Tab. 7 sind die durchschnittlichen täglich retinierten Mengen der Mengenelemente aufgezeigt. Die absolute Retention der Elemente Si, K, Na und Cl wurde durch die Zinksulfat-Zulage nicht beeinflußt. Dagegen waren jedoch die retinierten Mengen an Ca, Mg und P unter dem Einfluß der Zinksulfat-Zulage vermindert ($P < 0,05$). Im Durchschnitt aller Versuchsreihen wurden in Gruppe III 13,4% und in Gruppe II 10,0% weniger P retiniert als in Gruppe I, bei Ca waren es 9,9% bzw. 6,5%, und bei Mg 30,5% bzw. 27,7% (jeweils für Gruppe III bzw. II). Diese verminderte Retention von P, Ca und Mg ist auf erhöhte Ausscheidung ($P < 0,05$) mit dem Kot zurückzuführen (s. Tabelle 8). Ob es sich hierbei tatsächlich um eine Resorptionshemmung handelt, wäre allerdings erst noch durch Markierungsversuche nachzuweisen, da ja besonders diese Elemente je nach den vorliegenden Reaktionsverhältnissen mehr oder weniger mit dem Kot ausgeschieden werden können.

Die tägliche Ausscheidung an P mit dem Harn wurde durch die Zinksulfat-Zulage nicht beeinflußt, die Ca- und Mg-Ausscheidung im Harn war dagegen vermindert. Dies überrascht zunächst etwas, da ja bei einer verminderten Retention eher eine erhöhte Ausscheidung im Harn zu erwarten war. Da wir jedoch in früheren Versuchen an Schweinen bereits feststellten, daß eine erhöhte Ca-Retention eine erhöhte Zn-Retention bedingt [10], war umgekehrt bei einer erhöhten Zn-Retention auch eine erhöhte Ca-Retention zu erwarten. Tatsächlich war immer dann, wenn mehr Zn retiniert wurde, auch die Ca-Ausscheidung mit dem Harn vermindert. Auch bei Mg ist in den Gruppen II und III weniger mit dem Harn ausgeschieden worden als in Gruppe I ($P < 0,05$). Dies bestätigt das von uns früher gefundene Abhängigkeitsverhältnis von Ca und Zn im endogenen Stoffwechsel [10] und läßt außerdem noch darauf schließen, daß eine synergistische Wechselbeziehung zwischen Mg und Zn besteht. Allerdings werden diese Wechselbeziehungen durch die erhöhte Ca- und Mg-Ausscheidung mit dem Kot bei Zinksulfat-Zulage überlagert. Bei Schafen haben HANSARD u. a. [12] ebenfalls eine verminderte Ca- und P-Retention gefunden. Zu den abweichenden Versuchsergebnissen von WHITING und BEZEAU [13] ist vielleicht zu bemerken, daß diese Ver-

Tabelle 7. *Die durchschnittliche tägliche absolute Retention an Mengen- und Spurenelementen*

	Si g	P g	Ca g	Mg g	K g	Na g	Cl g	Fe mg	Mn mg	Al mg	Cu mg	Ni mg	Co μg	Cr μg
Anfangsmast														
Gruppe I	0,55 ±0,13	3,52 ±0,29	5,03 ±0,89	0,38 ±0,07	2,23 ±0,14	0,60 ±0,08	1,82 ±0,14	113 ± 8	3,9 ±1,2	113 ± 20	0,62 ±1,17	0,31 ±0,07	24,9 ± 2,8	195 ± 14
Gruppe II	0,59 ±0,14	3,27 ±0,36	4,99 ±0,37	0,29 ±0,09	2,22 ±0,43	0,51 ±0,17	1,64 ±0,22	110 ± 5	2,7 ±1,7	110 ± 16	0,76 ±0,26	0,32 ±0,03	27,6 ±13,3	181 ± 14
Gruppe III	0,56 ±0,16	2,93 ±0,22	4,65 ±0,34	0,23 ±0,03	1,99 ±0,19	0,47 ±0,10	1,68 ±0,22	110 ± 1	2,4 ±0,7	108 ± 20	0,54 ±0,20	0,30 ±0,04	21,8 ± 3,0	180 ± 12
Mittelmast														
Gruppe I	0,40 ±0,63	4,02 ±0,39	6,27 ±0,55	0,66 ±0,14	2,61 ±0,34	0,71 ±0,11	2,42 ±0,08	136 ± 38	7,4 ±2,8	30 ± 95	0,99 ±0,80	0,35 ±0,08	15,8 ±31,7	235 ± 51
Gruppe II	0,35 ±0,46	3,74 ±0,69	5,76 ±0,87	0,53 ±0,18	2,49 ±0,52	0,65 ±0,18	2,25 ±0,18	123 ± 42	5,1 ±3,0	20 ± 95	1,07 ±0,71	0,31 ±0,07	7,9 ±20,9	243 ± 51
Gruppe III	0,24 ±0,47	3,52 ±0,45	5,43 ±0,62	0,47 ±0,10	2,45 ±0,28	0,63 ±0,14	2,28 ±0,19	128 ± 37	6,2 ±2,1	23 ± 92	0,80 ±1,15	0,33 ±0,05	16,6 ±21,0	249 ± 35
Endmast														
Gruppe I	1,19 ±0,24	4,47 ±0,48	7,27 ±0,39	0,72 ±0,25	3,34 ±0,58	0,72 ±0,05	2,70 ±0,16	199 ± 16	14,0 ±4,6	96 ± 28	1,61 ±1,24	0,31 ±0,08	17,8 ± 4,2	323 ± 15
Gruppe II	1,11 ±0,40	3,74 ±0,47	6,51 ±0,40	0,43 ±0,17	2,66 ±0,27	0,70 ±0,07	2,73 ±0,08	171 ± 35	8,6 ±2,9	74 ± 43	1,01 ±0,69	0,22 ±0,10	18,3 ± 6,7	312 ± 9
Gruppe III	1,12 ±0,45	3,96 ±0,59	6,63 ±0,64	0,55 ±0,25	2,77 ±0,44	0,65 ±0,04	2,79 ±0,12	190 ± 12	9,9 ±2,8	89 ± 10	1,37 ±0,55	0,24 ±0,08	4,6 ±17,6	325 ± 22

Tabelle 8. *Durchschnittliche tägliche Ausscheidung an Ca, Mg, P und Mn mit Kot und Harn*

	Gruppe I	Gruppe II	Gruppe III	Gruppe I	Gruppe II	Gruppe III
		g Ca im Kot			g Ca im Harn	
A	6,07 ± 0,91	6,14 ± 0,40	6,48 ± 0,37	0,16 ± 0,07	0,13 ± 0,05	0,13 ± 0,05
M	9,44 ± 0,53	9,95 ± 0,92	10,34 ± 0,63	0,25 ± 0,08	0,25 ± 0,07	0,19 ± 0,04
E	11,85 ± 0,44	12,57 ± 0,45	12,54 ± 0,61	0,27 ± 0,07	0,31 ± 0,05	0,21 ± 0,05
		g Mg im Kot			g Mg im Harn	
A	2,08 ± 0,11	2,25 ± 0,09	2,28 ± 0,05	0,36 ± 0,06	0,28 ± 0,01	0,30 ± 0,04
M	3,24 ± 0,22	3,49 ± 0,25	3,51 ± 0,08	0,58 ± 0,10	0,46 ± 0,07	0,49 ± 0,03
E	4,55 ± 0,27	5,00 ± 0,24	4,81 ± 0,26	0,81 ± 0,14	0,65 ± 0,12	0,72 ± 0,02
		g P im Kot			g P im Harn	
A	5,01 ± 0,35	5,34 ± 0,21	5,63 ± 0,29	1,54 ± 0,11	1,46 ± 0,22	1,51 ± 0,08
M	7,78 ± 0,34	8,22 ± 0,54	8,47 ± 0,36	2,12 ± 0,12	1,96 ± 0,28	1,92 ± 0,24
E	10,12 ± 0,41	11,00 ± 0,50	10,80 ± 0,59	2,26 ± 0,12	2,11 ± 0,08	2,10 ± 0,14
		mg Mn im Kot			mg Mn im Harn	
A	39,3 ± 1,3	40,5 ± 1,9	40,8 ± 0,8	0,4 ± 0,3	0,4 ± 0,2	0,4 ± 0,3
M	69,6 ± 2,7	71,5 ± 3,0	70,7 ± 1,8	0,9 ± 0,4	1,2 ± 0,4	0,9 ± 0,4
E	99,6 ± 5,0	104,3 ± 3,1	103,6 ± 2,5	1,1 ± 0,5	1,8 ± 0,4	1,1 ± 0,5

Tabelle 9. *Durchschnittliche tägliche Ausscheidung an Mengen- und Spurenelementen mit Kot und Harn* (Durchschnitt von 12 Tieren)

	Si g	K g	Na g	Cl g	Fe mg	Al mg	Cu mg	Ni mg	Co µg	Cr µg
					Ausscheidung im Kot					
A	2,44 ±0,13	3,42 ± 0,37	0,85 ± 0,13	0,39 ±0,11	160 ± 5	115 ± 17	8,7 ± 0,7	1,21 ±0,04	75,5 ± 8,0	133 ± 14
M	4,21 ±0,47	6,98 ± 0,47	0,81 ± 0,14	0,80 ±0,11	266 ± 35	288 ± 84	12,3 ± 0,5	1,39 ±0,06	109,7 ± 22,3	220 ± 41
E	4,69 ±0,34	11,03 ± 0,80	0,40 ± 0,06	1,08 ±0,12	302 ± 24	275 ± 29	16,2 ± 0,8	1,31 ±0,09	109,2 ± 12,0	243 ± 15
					Ausscheidung im Harn					
A	0,057 ±0,007	6,21 ± 0,48	0,171 ±0,055	2,12 ±0,14	2,0 ± 0,8	1,4 ± 0,6	0,21 ± 0,05	0,052 ±0,011	7,4 ±1,4	4 ±2
M	0,083 ±0,011	7,26 ± 0,58	0,051 ±0,023	1,90 ±0,11	3,6 ± 1,3	3,9 ± 1,7	0,71 ± 0,78	0,056 ±0,013	6,7 ±1,3	4 ±1
E	0,100 ±0,012	6,34 ± 0,57	0,018 ±0,005	1,32 ±0,08	3,8 ± 1,3	3,7 ± 1,3	0,37 ± 0,09	0,045 ±0,013	4,9 ±1,3	4 ±1

suche so angelegt wurden, daß die Veränderung je eines Faktors nur jeweils an einem Tier untersucht werden konnte.

Bei den Elementen Si, K, Na und Cl war kein Einfluß der Zinksulfat-Zulage auf die absolute Ausscheidung mit dem Kot oder Harn festzustellen; dies deckt sich damit, daß kein Einfluß der Zinksulfat-Zulage auf die absolute Retention an diesen Elementen festzustellen war.

In Tab. 9 sind deshalb die durchschnittlichen täglichen Ausscheidungen an diesen Elementen in Kot und Harn für alle Gruppen zusammengefaßt.

Im Vergleich zu unseren früheren Untersuchungen [10, 19] an wachsenden Schweinen liegt in diesem Versuch die absolut täglich retinierte Menge an P und Ca etwas höher. Vergleicht man jedoch nur die absolut retinierte Menge bei den Tieren, die ein Futter mit einem Ca: P-Verhältnis von ungefähr 1 : 0,9 erhielten, dann ist die absolute Retention etwa gleich hoch. Mg, K, Na, Cl und S wurden auch etwa in gleicher Größenordnung retiniert. Auch bei Si entsprachen die je Tier und Tag retinierten Mengen unseren früheren Untersuchungen [10, 19], in denen wir bei 36 Stoffwechselversuchen eine durchschnittliche Retention von 0,61 g feststellten.

Der Einfluß von Zinksulfat-Zulagen auf die Retention von Spurenelementen

Die durchschnittlich täglich retinierten Mengen an den einzelnen Spurenelementen sind in Tab. 7 zusammengestellt. Die Auswertung dieser Zahlen ergab, daß die Zinksulfat-Zulage bei Fe, Al, Cu, Ni, Co und Cr keinen Einfluß auf die Retention hatte. Nur bei Mn lag die täglich retinierte Menge im Durchschnitt der gesamten Versuche in Gruppe II um 33,8% und in Gruppe III um 28,2% niedriger als in Gruppe I ($P < 0{,}05$). Diese verminderte Retention geht mit einer erhöhten Mn-Ausscheidung sowohl mit dem Kot als auch mit dem Harn einher. In Tab. 8 sind die täglichen Ausscheidungen an Mn in Kot und Harn aufgezeigt. Bei den anderen Spurenelementen war kein Einfluß auf die ausgeschiedene Menge in Kot und Harn festzustellen; die durchschnittliche tägliche Ausscheidung in Kot und Harn wurde deshalb für alle Gruppen in Tab. 9 zusammengefaßt.

Die je Tier und Tag retinierten Mengen an den einzelnen Spurenelementen stimmten etwa mit unseren früheren Untersuchungen [10, 19] überein.

Der Einfluß von Zinksulfat-Zulagen auf scheinbare Resorption und relative Retention

Der Einfluß der Zinksulfat-Zulagen auf die absolute Retention der Elemente Ca, Mg, P und Mn ist natürlich ebenso bei der relativen Retention (= durchschnittlich retinierte Menge in % der Gesamtaufnahme) festzustellen. Die entsprechenden Werte sind in Tabelle 10 zusammengestellt. Aber nicht nur die Höhe der relativen Retention, sondern auch die der scheinbaren Resorption in % bestätigt die obigen Ausführungen (s. Tab. 10). Nur bei Zink weicht das Ergebnis etwas ab, was dadurch bedingt ist, daß das Zink aus dem Zinksulfat wesentlich schlechter resorbiert und retiniert wird als das im Futter enthaltene Zink. Für die übrigen Elemente ist die scheinbare Resorption in % und die relative Retention für alle 12 Tiere jeweils zusammen in Tab. 12 und 13 aufgezeigt. Insgesamt stimmt die Ausnützung der einzelnen Elemente im großen und ganzen mit unseren früheren Untersuchungen überein [10, 19].

Der prozentuale Anteil der Kotausscheidung an der Gesamtausscheidung ist für Zn, S, Ca, Mg, P und Mn in Tab. 11 zusammengestellt. Die stärkere prozentuale Ausscheidung an Ca, P und Mn mit dem Kot bei Zinksulfat-Zulage deckt sich mit den obigen Ausführungen. Die Werte der übrigen Elemente sind zusammengefaßt in Tab. 14 angeführt. Die starke Ausscheidung des Elementes Ca mit dem Kot (über 95%) sowie aller untersuchten Spurenelemente Zn, Fe, Mn, Al, Cu, Ni, Co und Cr haben wir in früheren Arbeiten [10, 19] bereits aufgezeigt.

Tabelle 10. *Scheinbare Resorption und relative Retention von Zn, S, Ca, Mg, P und Mn in %*

	Gruppe I	Gruppe II	Gruppe III	Gruppe I	Gruppe II	Gruppe III
	Zn *scheinbare Resorption*			Zn *relative Retention*		
A	33,0 ± 2,3	25,8 ± 2,8	23,5 ± 1,6	31,6 ± 2,0	24,3 ± 2,5	22,2 ± 1,6
M	24,9 ± 3,1	15,9 ± 1,9	16,7 ± 3,3	23,5 ± 3,1	14,1 ± 1,9	15,3 ± 3,7
E	27,6 ± 4,3	19,0 ± 4,0	17,1 ± 5,8	26,1 ± 4,1	17,3 ± 3,9	15,7 ± 5,9
	S *scheinbare Resorption*			S *relative Retention*		
A	74,1 ± 1,3	72,3 ± 0,8	71,5 ± 1,0	37,4 ± 3,5	36,9 ± 4,5	34,1 ± 2,6
M	71,5 ± 0,9	68,7 ± 2,0	68,7 ± 2,1	37,4 ± 2,0	34,8 ± 1,9	35,4 ± 3,6
E	65,5 ± 3,6	62,0 ± 4,6	64,5 ± 2,8	32,6 ± 4,0	29,5 ± 2,6	32,0 ± 2,6
	Ca *scheinbare Resorption*			Ca *relative Retention*		
A	46,1 ± 8,1	45,5 ± 3,5	42,5 ± 3,3	44,7 ± 7,9	44,3 ± 3,3	41,3 ± 3,1
M	40,8 ± 3,3	37,6 ± 5,8	35,2 ± 3,9	39,3 ± 3,4	36,1 ± 5,5	34,0 ± 3,9
E	38,9 ± 2,2	35,2 ± 2,3	35,3 ± 3,2	37,5 ± 2,0	33,6 ± 2,1	34,2 ± 3,3
	Mg *scheinbare Resorption*			Mg *relative Retention*		
A	26,2 ± 3,8	20,1 ± 3,3	18,9 ± 1,8	13,4 ± 2,5	10,3 ± 3,1	8,1 ± 1,1
M	27,6 ± 4,9	22,1 ± 5,5	21,6 ± 1,8	14,8 ± 3,2	11,8 ± 4,0	10,5 ± 2,2
E	25,1 ± 4,4	17,8 ± 4,0	20,9 ± 4,3	11,8 ± 4,0	7,1 ± 2,9	9,0 ± 4,1
	P *scheinbare Resorption*			P *relative Retention*		
A	50,2 ± 3,5	47,0 ± 2,0	44,1 ± 2,9	34,9 ± 2,9	32,5 ± 3,5	29,1 ± 2,2
M	44,1 ± 2,4	40,9 ± 3,9	39,1 ± 2,6	28,9 ± 2,8	26,9 ± 4,9	25,3 ± 3,3
E	39,9 ± 2,4	34,8 ± 3,0	35,9 ± 3,5	26,5 ± 2,9	22,2 ± 2,8	23,5 ± 3,5
	Mn *scheinbare Resorption*			Mn *relative Retention*		
A	10,0 ± 3,0	7,2 ± 4,3	6,4 ± 1,8	9,0 ± 2,7	6,2 ± 3,9	5,4 ± 1,5
M	10,6 ± 3,5	8,1 ± 3,9	9,1 ± 2,4	9,5 ± 3,6	6,5 ± 3,9	8,0 ± 2,7
E	13,2 ± 4,3	9,0 ± 2,7	9,6 ± 2,2	12,2 ± 4,0	7,5 ± 2,5	8,6 ± 2,4

Tabelle 11. *Der Anteil im Kot in % der Gesamtausscheidung*

	Gruppe I	Gruppe II	Gruppe III	Gruppe I	Gruppe II	Gruppe III
	Zn			S		
A	97,9 ± 0,5	98,0 ± 0,7	98,4 ± 0,5	41,5 ± 2,4	44,0 ± 3,5	43,3 ± 1,6
M	98,1 ± 0,5	98,0 ± 0,4	98,4 ± 0,5	45,7 ± 2,8	48,0 ± 3,6	48,5 ± 1,0
E	98,0 ± 0,5	98,0 ± 0,5	98,4 ± 0,4	51,1 ± 3,0	53,8 ± 4,6	52,2 ± 2,2
	Ca			Mg		
A	97,4 ± 1,2	97,8 ± 1,0	98,0 ± 0,8	85,2 ± 2,6	89,1 ± 0,6	88,2 ± 1,7
M	97,5 ± 0,8	97,5 ± 0,8	98,2 ± 0,4	84,9 ± 3,0	88,3 ± 2,4	87,7 ± 0,5
E	97,8 ± 0,6	97,6 ± 0,4	98,3 ± 0,4	84,9 ± 2,5	88,5 ± 2,3	86,9 ± 0,9
	P			Mn		
A	76,5 ± 2,4	78,6 ± 2,4	78,8 ± 1,7	99,0 ± 0,7	98,9 ± 0,6	99,0 ± 0,6
M	78,6 ± 1,1	80,8 ± 2,1	81,5 ± 2,0	98,8 ± 0,5	98,3 ± 0,5	98,8 ± 0,5
E	81,7 ± 0,7	83,9 ± 0,9	83,7 ± 1,2	98,9 ± 0,5	98,3 ± 0,4	98,9 ± 0,5

Tabelle 12. *Scheinbare Resorption an Mengen- und Spurenelementen in %* (Durchschnitt von 12 Tieren)

	Si	K	Na	Cl	Fe	Al	Cu	Ni	Co	Cr
A	20,2	71,0	45,2	90,8	41,5	49,3	8,9	23,0	29,9	58,7
	± 4,2	± 3,1	± 8,5	± 2,6	± 1,9	± 7,5	± 6,8	± 2,6	± 7,5	± 4,3
M	8,9	58,3	46,9	84,0	33,3	8,9	11,9	21,5	16,4	52,8
	±10,3	± 2,8	± 8,9	± 2,2	± 8,9	±26,5	± 3,9	± 3,3	±16,2	± 8,9
E	20,9	45,7	63,9	79,0	38,7	24,7	9,5	18,7	14,5	57,1
	± 5,8	± 4,0	± 5,3	± 2,3	± 4,9	± 8,0	± 4,7	± 5,5	± 9,4	± 2,7

Tabelle 13. *Relative Retention an Mengen- und Spurenelementen* (Durchschnitt von 12 Tieren)

	Si	K	Na	Cl	Fe	Al	Cu	Ni	Co	Cr
A	18,4	18,2	34,2	40,6	40,7	48,7	6,7	19,7	23,0	57,4
	± 4,2	± 2,4	± 8,0	± 4,6	± 1,9	± 7,6	±6,7	± 2,6	± 7,1	± 4,3
M	7,1	15,0	43,5	46,1	32,4	7,7	6,8	18,3	10,3	51,9
	±10,4	± 2,2	± 9,1	± 3,2	± 9,0	±26,9	±5,9	± 3,4	±17,7	± 9,0
E	19,2	14,4	62,3	53,3	37,9	23,7	7,4	15,9	10,6	56,4
	± 5,7	± 2,5	± 5,3	± 2,3	± 5,0	± 7,9	±4,7	± 5,6	± 9,4	± 2,8

Tabelle 14. *Der Anteil an Mengen- und Spurenelementen im Kot in % der Gesamtausscheidung* (Durchschnitt von 12 Tieren)

	Si	K	Na	Cl	Fe	Al	Cu	Ni	Co	Cr
A	97,7	35,6	83,0	15,4	98,8	98,8	97,6	95,9	91,0	97,1
	± 0,3	± 4,1	± 5,8	± 3,6	± 0,5	± 0,5	± 0,6	± 0,8	± 2,1	± 1,2
M	98,1	49,1	94,1	29,7	98,7	98,7	94,8	96,1	94,2	98,2
	± 0,2	± 3,5	± 2,6	± 3,0	± 0,4	± 0,4	± 5,4	± 0,8	± 1,0	± 0,6
E	97,9	63,5	95,5	48,2	98,8	98,7	97,8	96,7	95,7	98,5
	± 0,3	± 3,6	± 1,2	± 3,5	± 0,4	± 0,5	± 0,6	± 1,0	± 1,2	± 0,5

Auch bei Si beträgt der Anteil der mit dem Kot ausgeschiedenen Menge im Durchschnitt 97,9%, was sich mit den Untersuchungen vieler Autoren [20] und unseren früheren Untersuchungen [10, 19], bei denen wir im Mittel von 36 Versuchen 97,5% fanden, deckt.

Zusammenfassung

In drei Stoffwechselversuchsreihen wurde an je 12 Schweinen untersucht, ob verschieden hohe Zinksulfat-Zulagen den Mastverlauf sowie die Retention und Ausscheidung der Mengen- und Spurenelemente verändern. Ein Einfluß auf Gewichtszunahmen, Futterverbrauch, Futterverwertung und Eiweißansatz konnte nicht festgestellt werden. Dagegen wurde die Zn-Retention durch die Zinksulfat-Zulagen erhöht, und zwar besonders während der Anfangsmast. Bei Ca, Mg und P zeigte sich dagegen eine verminderte Retention, da die Ausscheidung dieser Elemente im Kot erhöht war. Im Gegensatz dazu ist im Harn jeweils bei höherer Zn-Retention weniger Ca und Mg ausgeschieden worden. Von den Spurenelementen ergab sich nur bei Mn ein Einfluß in Form verminderter Retention. Bei den Mengenelementen Si, K, Na, Cl und S und den Spurenelementen Fe, Al, Cu, Ni, Co und Cr zeigte sich kein Einfluß der Zinksulfat-Zulagen. Für alle Spurenelemente sowie für Ca und Si wurde der hohe Anteil der Kotausscheidung (über 95%) an der Gesamtausscheidung bestätigt.

Literaturverzeichnis

[1] TUCKER, H. F. u. W. D. SALMON: Proc. Soc. Exptl. Biol. Med. **88**, 613, 1955.
[2] LUECKE, R. W., I. A. HOEFER, W. S. BRAMMEL u. F. THORP: J. Animal Sci. **15**, 347, 1956.
[3] LEWIS, P. K., W. G. HOEKSTRA, R. H. GRUMMER u. P. H. PHILLIPS: J. Animal Sci. **15**, 741, 1956.
[4] STEVENSON, J. W. u. J. P. EARLE: J. Animal Sci. **15**, 1036, 1956.
[5] NEWLAND, H. W., ULLREY, D. E., HOEFER, I. A. u. LUECKE, R. W.: J. Animal Sci. **15**, 1250, 1956 und **17**, 886, 1958.
[6] LIEBSCHER, W.: Lederle-Mitteilungen **25**, 1, 1956.
[7] LUECKE, R. W., I. A. HOEFER, W. S. BRAMMEL u. D. A. SCHMIDT: J. Animal Sci. **16**, 3, 1957.
[8] LEWIS, P. K., W. G. HOEKSTRA u. R. H. GRUMMER: J. Animal Sci. **16**, 578, 1957.
[9] BELLIS, D. B., und J. M. PHILP: J. Sci. Food Agr. **8**, 5119, 1957.
[10] KIRCHGESSNER, M., W. MUNZ u. W. OELSCHLÄGER: Arch. f. Tierernährung **10**, 1, 1960.
[11] LEWIS, P. K., W. G. HOEKSTRA u. R. H. GRUMMER: J. Animal Sci. **15**, 1265, 1956.
[12] HANSARD, S. L., A. THOMPSON u. M. C. BELL: J. Animal Sci. **16**, 1094, 1957.
[13] WHITING, F. u. L. M. BEZEAU: Canadian J. Animal Sci. **38**, 109, 1958.
[14] WÖHLBIER, W. und G. EGGERS: Die Technik des Tierversuches. Handbuch der landw. Versuchs- und Untersuchungsmethodik Bd. **13**, Radebaul u. Berlin 1953.
[15] OELSCHLÄGER, W.: Schriftenreihe über Mangelkrankheiten **5**, 104, 1956.
[16] LINDER, A.: Statistische Methoden, 2. Aufl., Basel 1951.
[17] SNEDECOR, G. W.: Statistical Methods, 5. Aufl., Ames 1957.
[18] WÖHLBIER, W., u. M. KIRCHGESSNER: Z. Tierern. Futtermittelkunde **12**, 143, 1957.
[19] KIRCHGESSNER, M., W. OELSCHLÄGER u. W. MUNZ: Z. Tierphysiologie, Tierern. Futtermittelkunde **15**, 321, 1960.
[20] LINTZEL, W.: „Der Mineralstoffwechsel" in E. Mangold: Handbuch der Ernährung und des Stoffwechsels der landwirtschaftlichen Nutztiere. Bd. 3, Verlag J. Springer, Berlin 1931.

Eingegangen am 23. 3. 1961

JOHANNES DOBBERSTEIN

Beiträge zur Phylogenese der Entzündung der Wirbeltiere

(Abhandlungen der Deutschen Akademie der Wissenschaften zu Berlin, Klasse für Medizin, Jahrgang 1960, Heft 4)

1960. 44 Seiten — 27 Abbildungen, davon 26 auf 8 Tafeln — 3 Tabellen
4° — DM 7,30

Die allgemeine Entzündungslehre gehört neben der Geschwulstforschung heute immer noch zu den wichtigsten und umstrittensten Gebieten der allgemeinen Pathologie. Bisher ist die Entzündung vorwiegend am Menschen und an höheren Säugetieren studiert worden. Ein so komplizierter Vorgang, wie ihn die Entzündung darstellt, kann sich aber nur im Laufe von Jahrmillionen allmählich aus einfacheren biologischen Abwehrvorgängen entwickelt haben. Der Verfasser des vorliegenden Werkes berichtet ausführlich über eine durch Talkum bei den verschiedenen Klassen der Wirbeltiere hervorgerufene Entzündung der serösen Häute mit dem Ziel, auf diese Weise einen näheren Einblick in die Phylogenese der Entzündung zu erlangen. Die Ergebnisse dürften nicht nur für den Pathologen, sondern auch für den Chirurgen und Internisten von großem Interesse sein. Die Arbeit erscheint geeignet, der weiteren Erforschung der Entzündung neue Impulse zu geben und stellt einen wichtigen Beitrag zur vergleichenden Pathologie dar.

THEORIA CUM PRAXI

A K A D E M I E - V E R L A G · B E R L I N

FSC
www.fsc.org
MIX
Papier | Fördert gute Waldnutzung
FSC® C083411

Kolibri 360 GmbH
Ferdinand-Jühlke-Straße 7
99095 Erfurt, Deutschland
produktsicherheit@kolibri360.de